典型物联网环境下 RFID 防碰撞及动态测试关键技术：理论与实践

俞晓磊　著

科学出版社

北京

内 容 简 介

RFID 技术是一项多学科融合的新兴应用技术，已广泛应用于智能交通、图书管理、门禁系统、食品安全溯源等诸多领域。本书主要针对典型物联网环境下 RFID 动态测试技术的理论与实践进行了相关研究。全书共分六部分，分别介绍 RFID 防碰撞及动态测试关键技术、低信噪比环境下超高频 RFID 系统建模与抗干扰、RFID 多标签防碰撞及最优分布性能检测、基于光电传感的 RFID 动态检测系统的设计与实现、物联网环境下 RFID 动态检测的半物理实验验证以及基于 RFID 的矩阵分析方法等内容。本书系统阐述了物联网环境下 RFID 动态测试理论和基本原理，是对典型物联网环境下 RFID 动态测量系统设计与实现研究方面最新进展的总结，内容涉及光、机、电、控一体化以及多学科交叉的理论和实践。

本书可作为物联网、电子信息、测试计量等相关专业的学习资料，也可供 RFID 行业技术人员和应用研究人员、物流领域工作者、物联网系统集成商以及对自动识别技术感兴趣的大专院校师生等阅读参考。

图书在版编目（CIP）数据

典型物联网环境下 RFID 防碰撞及动态测试关键技术：理论与实践/俞晓磊著. —北京：科学出版社，2015.11

ISBN 978-7-03-046362-3

Ⅰ．①典… Ⅱ．①俞… Ⅲ．①无线电信号–射频–信号识别–安全技术 Ⅳ．①TN911.23

中国版本图书馆 CIP 数据核字（2015）第 269953 号

责任编辑：李涪汁 孙 静 / 责任校对：张怡君
责任印制：徐晓晨 / 封面设计：许 瑞

科学出版社出版
北京东黄城根北街 16 号
邮政编码：100717
http://www.sciencep.com

北京凌奇印刷有限责任公司 印刷
科学出版社发行 各地新华书店经销
*
2015 年 11 月第 一 版 开本：720×1000 B5
2019 年 5 月第三次印刷 印张：14
字数：280 000
定价：78.00 元
（如有印装质量问题，我社负责调换）

前　言

物联网（internet of things，IOT）是近年来形成并迅速发展的新概念，是新一代信息系统的重要组成部分。物联网的产生是继计算机、互联网和移动通信之后的又一次信息技术革命。作为物联网感知领域的核心技术之一，射频识别（radio frequency identification，RFID）技术是 20 世纪 90 年代兴起并迅速发展的非接触式自动识别技术，它利用无线电波、微波，通过感应或电磁波辐射进行非接触双向通信，达到自动识别目标对象、获取相关数据及数据交换的目的。

当 RFID 技术在典型物联网环境中应用时，电磁场、温度、噪声、物理介质等对 RFID 系统识读性能的影响以及所引起的 RFID 读写设备故障，很大程度上影响了 RFID 技术的大规模应用，这也成为 RFID 技术推广应用的瓶颈问题。因此，本书针对实际应用环境下的 RFID 产品研发和应用实施过程中的问题，重点针对典型物联网环境下 RFID 动态测试技术的理论与实践进行了相关研究。本书对 RFID 产品和系统检测具有重要的参考意义和实用价值，已取得的具有自主知识产权的创新性成果能够直接投入产品检测应用，可有效减少相关企业在 RFID 标签研发、生产和应用等环节的投入成本，有效提高标签的质量，并对标签动态性能有效评价和控制提供可靠的第三方检测手段。同时，本书内容对相关企业自主研发 RFID 产品和系统并参与国际竞争具有一定的技术支撑作用，将进一步提升企业的核心竞争力并带动中国 RFID 相关特色产业的发展。

本书反映了当今物联网和 RFID 领域一个前沿创新的研究方向，同时也介绍了著者科研团队在 RFID 动态检测技术研究方向的最新成果。本书共分 6 章，第 1 章主要针对物联网系统、RFID 技术及其在应用过程中遇到的碰撞和动态测试问题，提出了软件防碰撞和物理防碰撞两种解决方案，对提高 RFID 的识读性能具有重要的意义。第 2 章围绕多径干扰环境下超高频 RFID 标签信号在瑞利衰落信道中的传输进行系统建模，将 OFDM 系统引入以提高瑞利信号对信噪比的敏感度，同时引入 RFID-MIMO 技术以提高 RFID 系统的多标签识读性能，该研究有助于读者对超高频 RFID 系统在多径环境下的系统性能进行研究。第 3 章通过构建 RFID 标签碰撞过程的概率模型，给出用于检测低信噪比条件下 RFID 防碰撞算法性能的定量评价参数和方法，可以定量、系统地评估不确定性防碰撞算法的优缺点，从而为实际应用中选择合适的防碰撞算法提供一条新思路；同时，针对 RFID 多标签的最优几何分布判断和标签测量过程中的有偏估计问题，将 Fisher 信息矩阵引入 RFID 单标签与多标签位置优化测量，对得到有效的标签测量参数以及不确定度分析具有重要的意义。第 4 章面向几种典型物联网应用环境，设计了三种 RFID 动态测量方法与系统，对标签在实际动态环境中的测量有重要的参考价值。第 5 章围绕物联网环境下 RFID 动态检测开展半物理实验验证研究，应用 RFID 动态测量系统进行了一系列测试与实验验证，为读者开展相关实验研究提供了相应的方法指导及结果参考。第 6 章基于 RFID 的矩阵分析方法研究，将矩阵分析方法引入 RFID 测试中，用于检测工业危险区域及 RFID 标签分布优选配置，对 RFID 技术在工业生产安全领域的推广应用和研究具有重要的理论和应用价值。

　　本书著者在国家留学基金项目"先进多感知信息融合技术在智能系统光电控制中的应用"（项目编号：2008104769）资助下，赴澳大利亚墨尔本大学电子工程系进行了为期两年的课题研究工作，师从国际知名学者 Prof. Jonathan Mantan。回国后，在中国博士后基金项目"典型物联网环境下 RFID 抗干扰及动态测试关键技术研究"（项目编号：2013M531363）、江苏省博士后基金项目"基于光电感知的混沌仿生物联网关键技术研究"（项目编号：1202020C）以及国家质检总局科技项目"典型物联网环境下 RFID 防碰撞及动态测试关键技术研究"（项目编号：2013QK194）的共同资助下，著者在南京理工大学电子科学与技术博士后流动站开展博士后科研工作，研究成果"一种用于物流输送线的 RFID 识读范围自动测量系统"于 2014 年获得第十六届中国专利奖。多年来，著者开展了与本书有关的系统深入研究并取得了系列研究成果，本书是著者近年来科研工作的总结和研究成果的结晶。在成书的过程中，江苏省标准化研究院汪东华研究员、顾长青研究员，南京航空航天大学赵志敏教授，南京理工大学陈钱教授，东南大学张家雨教授等专家学者精心审阅了本书并提出了诸多宝贵意见，著者在此表示衷心的感谢。感谢研究生于银山、钱坤、刘佳玲、季玉玉、伍乐乐等在前期科研、文字编排、图表绘制等方面所做的大量工作以及李翔、黄钰、哈成涛等同事的帮助。感谢江苏省自然科学基金青年基金项目"基于三维拓扑优化的 RFID 防碰撞无线传感网络关键技术研究"（项目编号：BK20141032）的资助，促使本书顺利编辑出版。

　　鉴于著者的水平有限，书中难免有不妥及失误之处，欢迎同行批评指正，相互交流（作者的联系方式：nuaaxiaoleiyu@126.com）。

著　者

2015 年 8 月于南京

目　　录

第 1 章　RFID 防碰撞及动态测试关键技术研究概述

1.1　RFID 技术的起源与发展

　　射频识别（radio frequency identification，RFID）技术是一种利用射频信号的空间耦合或反射自动识别目标对象，并获取相关信息的技术[1-3]。由于不需要人工接触或光学可视即可完成信息的快速输入和批量处理，所以 RFID 技术是一种高效的自动识别技术。

　　射频识别的最初设想可以追溯到第二次世界大战时期，起源于欧洲上空激烈的空战。图 1.1 展示了不列颠之战中双方战斗机留下的轨迹以及德国战斗机飞越英吉利海峡的场景。1935 年，雷达被实际制造并投入实战。在应用中，各国军方发现雷达系统有一个致命的缺陷，即我方战机返场降落的反馈信号与敌方飞机的袭击预警信号在监视人员看来没有任何区别。德军最先研究出一个方法：当我方战机返回基地的时候，飞行员将飞机倾转一个特定的角度，使得返场飞机的雷达反馈信号具有统一的特征。这种原始、粗糙的利用电磁波的不同特征来识别飞机身份的方法，与现代 RFID 的核心思想相同，被认为是最早的被动射频识别方法。战后，雷达系统走向民用，美国、日本和欧洲的科学家研究发现，可以通过射频能量来远程区分和识别目标。

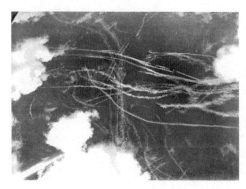

图 1.1　不列颠之战

摘自维基百科 https://en.wikipedia.org/wiki/Battle_of_Britain

　　现代意义上的射频识别系统发展于 20 世纪 70 年代[4]。第一个 RFID 专利由

Mario W. Cardullo 于 1973 年在美国注册，以保护其设计的 RFID 门禁系统。更加系统性的 RFID 研究则由美国政府主持。20 世纪 70 年代初期，美国能源部希望洛斯阿拉莫斯国家实验室开发一种系统来追踪核原料。研究小组提出了在运输车辆中放置发射机、在门禁处设置接收天线的方法。门禁天线能够唤醒车辆内部的发射机，并从反馈信号中识读车辆的身份信息。此时的 RFID 发射与识读设备均未小型化，RFID 标签（RFID tag）的概念还未形成。后来，洛斯阿拉莫斯国家实验室应美国农业部的请求，为大型农场开发针对奶牛进行身份识别的系统，以方便农场管理奶牛的饲料与药品供给。由于奶牛并不能像卡车一样携带包含能量源的发射装置，为奶牛配备怎样的发射系统成了难题。研究人员开发了一种新的被动 RFID 系统，识别信息被存入一张无源金属线板中。金属线板通过吸收读取器发出的扫描信号中的电磁波能量，将识别信息调制在返回信号中。金属线板如同标签，应用时卡在奶牛的耳朵上，这就是最早的 RFID 标签系统，见图 1.2。

图 1.2　RFID 标签在畜牧业的应用

摘自飞鹤新浪网站 http://client.sina.com.cn/zt/firmus/ 和探感物联网站 http://www.etagrfid.com/News/80.html

　　1999 年，麻省理工学院联合剑桥大学成立了 Auto-ID Center，并提出了产品电子代码（electronic product code，EPC）的概念。EPC 的载体是 RFID 标签，旨在为全球每一件单品建立全球唯一的识别代码。图 1.3 展示了常作为身份识别标签贴在货物表面的 RFID 电子标签的结构。

　　从 1999 年起，在国际物品编码协会（EAN）、统一编码委员会（Uniform Code Council）以及 IBM 等企业的推动下，RFID 的应用范围从简单的车辆、奶牛识别扩展到供应链追踪、生产环节管理、商贸运输等各种需要大规模管理和识别的行业，呈现出蓬勃的发展态势。

　　RFID 技术在现代化生产和生活中的应用，包括利用 RFID 技术的机场行李自动分拣、大卖场的商品自动识别、图书馆无人化管理以及自动化流水线等，如图 1.4。

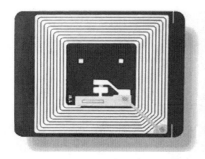

图 1.3　现代 RFID 标签示例

摘自 VISUAL DICAS 网站 http://visualdicas.blogspot.com/2009/10/sistema-rfid-o-novo-substituto-do.html 和
ADLER 公司网站 http://adlerrfid.co.za/index.html

图 1.4　现代 RFID 技术在不同场景中的应用

摘自中国制造网 http://cn.made-in-china.com/gongying/mobilerfid-kbCJOjVTnPUg.html 和南方现代物流公共
信息平台 http://www.nf56.org/gdrfid/hangyezixun/1913.jhtml

　　物联网（internet of things，IOT）的设想最早由英国人 Kevin Ashton 以及 MIT Media Lab 在 1999 年确立[5]，其想法的成形与 RFID 技术的快速演进密不可分。物联网初期致力于发展工业生产领域的机器间通信（machine to machine，M2M），通过机器之间的数据交换来优化生产管理。2005 年 11 月 17 日，在突尼斯举行的信息社会世界峰会（WSIS）上，国际电信联盟（ITU）发布了《ITU 互联网报告 2005：物联网》，正式提出了"物联网"的概念。图 1.5 展示了 2005 年信息社会世界峰会的纪念邮票以及参与峰会的主要领导人的合影。

　　2009 年，IBM 公司首席执行官彭明盛在奥巴马政府的"圆桌会议"上提出了"智慧城市"以及"智慧地球"的概念，将物联网产业提升到国家战略高度。近年来，随着软件的极大繁荣，芯片的小型化以及计算能力愈发强大，物联网才真正作为产业兴起，其应用也不再局限于工业领域。如今，物联网已在新媒体、环境监控、基建管理、工业制造、能源管理、医疗健康、智能家居、运输以及快递等行业得到应用，是新一代信息技术的重要概念和组成部分。

图 1.5　　2005 年在突尼斯举行的信息社会世界峰会

摘自维基百科 https://en.wikipedia.org/wiki/World_Summit_on_the_Information_Society

RFID 作为一种非接触式自动识别技术，具有读取距离远、传输速度快、可大批量读取等优点，伴随着物联网概念的发展，成为实现物联网的核心技术之一。然而，在复杂的物联网环境下，由于密集标签应用环境中的多标签、多读写器、各种外部噪声、电子标签所附物体介质（如金属）等对标签读取率的影响以及所引起的 RFID 读写障碍与设备故障等，带来了 RFID 系统的碰撞问题，很大程度上影响了 RFID 技术的大规模应用。因此，有必要对 RFID 系统的碰撞过程进行系统性分析，提出合理的解决方案，并提供一种动态测试手段，在产品防碰撞测试中提高效率，降低测试成本。

本章将首先介绍物联网的总体架构以及 RFID 与物联网的关系，随后分析近年来几种常见的 RFID 防碰撞算法，然后探讨 RFID 系统动态测试技术的最新进展。最后，设计提出了一种新型 RFID 防碰撞动态测试实验平台的软硬件框架，并通过仿真实验对平台的部分性能进行验证。

1.2　物联网与 RFID 技术

1.2.1　物联网的基本框架

早期的物联网着重于局域内的物物间通信，然而，随着软硬件技术发展，特别是 IPv6 协议的提出[6]，物联网从局域内通信扩展到整个互联网，即在成熟的协议、软件、硬件基础上，利用 RFID 等传感器技术和互联网技术，构造了一个实现全球物品信息实时共享的网络。物联网中的各种信息传感设备，如 RFID 设备、红外传感器、全球定位系统、激光扫描等，与互联网结合起来而形成一个巨大的网络，这将极大地方便相关应用领域的识别和管理[7]。

物联网总体架构如图 1.6 所示。从逻辑层面上看，物联网总体架构可分为感知层、接入层、处理层、应用层四个层面。感知层是指各种传感器或终端设备等组成的传感网络，主要用于实现对物品的感知、识别、检测或采集数据，以及反应与控制等；接入层是指各种有线或无线节点、固定与移动网关组成的各种通信网络与互联网的融合体，主要用于数据的进一步处理与传输；处理层即中间件层，主要对海量的信息进行智能化处理（接收、处理、整合），实现对应用层的支持；应用层主要将物联网与各种具体行业相结合，实现其在各领域的智能化应用。

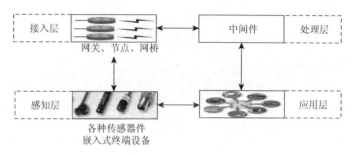

图 1.6　物联网总体架构

RFID 技术是物联网的结构基石，RFID 采用电子芯片作为存储介质，可以随时更新物品的信息动态，通过计算机网络可以使制造企业与销售企业实现数据互联，随时了解物品的生产、运输、销售等信息，实现透明化管理。在物联网的构想中，每个物品都具有一个电子标签，电子标签中存储着规范且具有互用性的信息。物联网以 RFID 系统为主要基础，结合已知的网络技术、数据库技术、中间件技术等，构筑了一个由大量连入互联网的读写器和移动电子标签组成的，比现代互联网更加广泛、庞大的网络。

1.2.2　RFID 系统的基本结构

一个典型的 RFID 系统包括射频前端、中间件与后台的计算机信息管理系统三个部分[8]。射频前端完成系统的采集与存储工作，中间件提供信息格式的转换与传输，计算机信息管理系统对获取的信息进行应用处理。

RFID 系统的射频前端至少包括电子标签与读写器两部分。

电子标签是 RFID 的数据载体，由标签芯片与天线封装组成。依据电子标签供电方式的不同，电子标签分为有源电子标签（active tag）、无源电子标签（passive tag）、半无源电子标签（semi-passive tag）三种。

有源电子标签，又称主动标签，这种标签会定时主动向外发射信息，读写器在识读时不会发出问询信号，只作为接收机。主动标签内置电源，工作可靠性高，信号距离远（可达上百米），但使用寿命受限（通常电池寿命在 3 年），易产生电磁污染且保密性差。

无源电子标签，又称被动标签，是通常意义上的 RFID 标签。无源标签由读写器询问信号提供能量，标签通过反射方式进行信号传输，其应用最广泛。无源标签不需要内部供电，当其处于读写器的有效读取范围内时，读写器发出的询问电磁波在 RFID 标签天线上产生的能量即可驱动芯片完成解码、解析、编码以及反向调制等功能。无源标签并不会主动发出电磁信号，其识别信息是调制在读写器信号的反射电磁波中的。

半无源电子标签的内部供电仅作维持数据、接收或传感电路进行工作之用，仍按照反射调制方式应答。在未被读写器询问信号激活之前，半无源标签处于休眠状态，能量消耗较少；在工作状态时，辅助电源会弥补标签所在位置读写器信号强度不足的问题。因此相较主动标签，半无源标签的使用寿命可以长达 10 年；而相较无源标签，半无源标签的读取距离更远。

另一方面，按照工作频率来看，RFID 系统主要分为三种，分别为使用低频（low-frequency，LF，125\134kHz）、高频（high-frequency，HF，13.56MHz）以及超高频（ultra-high-frequency，UHF，433\915MHz，2.4\5.8GHz）。

低频电子标签普遍采用 CMOS 工艺，比较廉价，采用磁感应耦合的方式进行工作。低频标签的频率使用自由，不受无线电管理委员会的约束，并且低频电磁波穿透力强，应用场景环境要求较低；相对地，低频电子标签的存储数据量较小，有效距离短且传输速度慢。

高频电子标签相对于低频标签，存储数据量更大且传输速度更快，并且在 13.56MHz 频段同样可以自由使用，无须授权；其缺点是高频信号穿透力弱，容易受环境干扰。

超高频电子标签识读距离远，最大可达 10 米（无源标签），传输数据量大，传输速度快，并且可以在运动中读取数据。其弱点是超高频信号穿透力更弱，且受金属阻隔，容易被环境中的雾霾、灰尘等影响识读。超高频标签的读写器天线一般为定向天线，只有在读写器天线波束范围内的标签才能被读取到。

RFID 系统射频前端的另一组成部分是读写器，读写器完成 RFID 标签的读取和写入操作。典型读写器由射频模块、控制处理模块和天线三部分组成，通过协同天线与射频模块完成对电子标签的通信操作，进而将所获得的信息传输给后台进行处理。读写器的天线可以是一个独立的部分，也可以内置到读写器中，读写器天线将电磁波发射到空间，并收集电子标签的射频信号。射频模块负责将射频信号转换为基带信号。控制模块是读写器的核心，对发射信号进行编码、调制等各种处理，对接收信号进行解调、解码等各种处理，并实现与后台应用程序的对接。

　　读写器的技术参数包括工作频率、输出功率、输出接口、工作方式和优先级等。工作频率是指读写器与电子标签的通信频率，这两者应当保持一致。输出功率指的是读写器天线的发射功率，输出功率不仅要满足系统的工作需要，还要符合国家和地区对无线电发射功率制定的标准，保证人类的健康安全。输出接口是读写器对外通信的通道，接口形式很多，常见的包括 RS232、RS485、USB、WIFI、3G 等，可以满足不同工作环境的需求。读写器的工作方式是读写器与标签之间通信方式的约定，包括全双工、半双工和时序三种方式。优先级则是读写器与标签通信先后的约定，读写器优先是由读写器首先向电子标签发射射频能量和命令，电子标签只有在被唤醒且接收到读写器命令之后，才会对读写器的命令做出反应；电子标签优先则是专门针对无源电子标签约定的，对于无源标签，读写器只发送等幅度、不带信息的射频能量，电子标签被唤醒后，反向散射电子标签数据信息。

　　RFID 系统的总协调控制在后台计算机管理系统上实现。如图 1.7 所示，在射频前端与控制后台之间，RFID 系统的中间件完成了前端与后台的衔接，作用非常重要。RFID 系统的中间件是一套独立的服务软件，是前端硬件与后台系统之间的通信渠道。早期的中间件仅仅作用于整合、串接 RFID 读写器，现阶段，随着 RFID 产业的快速发展，中间件功能愈加强大，集成了数据采集、过滤、处理等基本功能，还能满足企业的定制需求，极大地简化了 RFID 的部署并降低了其应用难度。

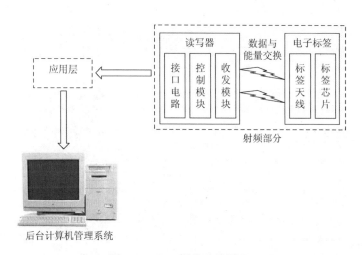

图 1.7　RFID 系统工作原理

　　在实际应用中，电子标签附在待识别的目标表面，读写器通过天线发送出一定频率的射频信号，当标签进入磁场时产生感应电流，同时利用自身能量或因感应电流产生的能量发送出其所携带的信息，读写器读取信息并解码后通过中间件传送给后台进行相关处理，从而达到自动识别物品的目的。

1.2.3 RFID 系统的基本原理

读写器和电子标签通过各自的天线构建了两者之间的非接触信息传输信道，空间信息传输信道的性能完全由天线周围的场区特性决定。因此，在介绍 RFID 数据传递方式之前，有必要了解 RFID 工作时基本的电磁场规律。

射频信息加载到天线上以后，在紧邻天线的空间中，除了辐射场以外，还有一个非辐射场。该场与距离的高次幂成反比，随着离开天线的距离的增大而迅速减小。在这个区域，电场不做功，因而被称为无功近场区，又由于电抗场占优势，该区域又被称为电抗近场区，它的边界长度约为信号电磁波的一个波长大小。越过电抗近场区，就是辐射场区。按照离开天线的距离分类，辐射场区又被分为辐射近场区和辐射远场区。天线周围的辐射场与测量位置相关，不同的测量点感受到的电磁场特性并不相同。天线周围的场通常分为无功近场区、辐射近场区和辐射远场区三个部分。下面对这三个区域分别作介绍。

1）无功近场区

无功近场区，或称电抗近场区，是天线辐射场中紧邻天线口径的一个近场区域[9]。在该区域中，电抗性储能场占支配地位。通常，该区域的界线取为距天线口径表面 $\lambda/2\pi$ 处。从物理概念上讲，无功近场区是一个储能场，其中的电场与磁场的转换类似于变压器。如果在其附近还有其他金属物体，这些物体会以类似电容、电感耦合的方式影响储能场，因而也可以将这些金属物体看作组合天线（原天线与这些金属物体组成新的天线整体）的一部分。在该区域中束缚于天线的电磁场没有做功（只是进行电场、磁场间的相互转换），因而该区域称为无功近场区。

2）辐射近场区

在无功近场区之外，就是辐射场区。辐射场区的电磁能已经脱离了天线的束缚，作为电磁波进入了空间。按照距离天线的远近，辐射场区又被区分为辐射近场区和辐射远场区[10]。

在辐射近场区中，辐射场占据优势，并且辐射场的角度分布与距离天线口径的远近有关，天线单个单元对测量观察点辐射场的贡献，其相对相位和相对幅度是天线距离的函数。对于通常的天线，此区域也被称为菲涅耳区（菲涅耳近似）。由于大型天线的远场测试距离很难满足，因此研究该场区域中场的角度分布对于大型天线的测试非常重要。

3）辐射远场区

辐射远场区就是人们常说的远场区，又称为夫琅禾费区（夫琅禾费近似）[11]。在该区域中，辐射场的角度分布与距离无关。严格地讲，只有在距离天线无穷远处才能达到天线的远场区。但在某个距离上，辐射场的角度分布与无穷远时的角度分布误差在允许的范围内时，即把从该点起至无穷远处的场称为天线远场区。

天线的方向图即指该辐射区域中辐射场的角度分布，因此天线远场区是天线辐射场区中最重要的部分。一般认为，辐射远场区的分界距离 R 为

$$R = \frac{2D^2}{\lambda} \tag{1.1}$$

式中，D 为天线直径；λ 为电磁波信号波长。

天线直径在设计上要远大于波长。另一方面，当天线直径 D 远小于信号波长时，天线周围只存在无功近场区和辐射远场区，没有辐射近场区。满足尺寸远小于波长的天线称为小天线。对于射频识别系统，由于尺寸限制，一般采用小天线系统。

表 1.1 给出了常见天线在不同频率下无功近场区与辐射远场区距离的估计值。这些计算是基本的数值参考。对于给定的工作频率，无功近场区的外边界基本上由波长决定，辐射远场区的内界应该满足大于无功近场区外界的约束。但天线尺寸与波长可比或大于波长时，其辐射近场区在无功近场区与辐射远场区之间。

表 1.1　不同频率天线的无功近场区与辐射远场区距离估计值

频率 f	波长 λ/m	无功近场区边界	辐射远场区边界（天线直径 D=0.1m）
＜135kHz	＞2222	＞353m	＞353m
13.56MHz	22.1	3.5m	＞3.5m
433MHz	0.693	11cm	＞11cm
915MHz	0.328	5.2cm	6.1cm
2.45GHz	0.122	1.9cm	16.4cm
5.8GHz	0.052	8.28mm	38.5cm

有关天线场区的划分，一方面表示了天线周围能量的分布特点，即辐射场中的能量以电磁波的形式向外传播，无功近场区中的能量不向外传播；另一方面表示了天线周围场强的分布情况，即距离天线越近，场强越强。

RFID 系统中，读写器和电子标签之间的通信通过电磁波来实现。按照通信距离可分为近场和远场，相应地，读写器和电子标签之间的数据交换方式也被划分为负载调制和反向散射调制[12]。

1）负载调制

近距离低频 RFID 系统是通过准静态场耦合来实现的。在这种情况下，读写

器和电子标签之间的天线能量交换方式类似于变压器模型，称之为负载调制。负载调制实际上是通过改变电子标签上负载电阻的接通和断开状态来使读写器天线上的电压发生变化，以实现近距离电子标签对天线电压的振幅调制的。如果通过数据来控制负载电压的接通和断开，那么这些数据就能够从电子标签传输到读写器了。这种调制方式在 125kHz 和 13.56MHz 的 RFID 系统中得到了广泛的应用。

2）反向散射调制

在典型的远场区，即 UHF 频段的标签系统中，读写器和电子标签之间的距离有几米甚至十米远，而负载波长仅有几到几十厘米。读写器和电子标签之间的能量传递方式为反向散射调制。

反向散射调制是指无源射频系统中电子标签将数据发送到读写器时所采用的通信方式。电子标签返回数据的方式是控制天线的阻抗，控制电子标签阻抗的方法有很多种，但都属于一种基于"阻抗开关"的方法。实际采用的几种阻抗开关有变容二极管、逻辑门、高速开关等。

要发送的数据信号是具有两种电平的信号，通过一个简单的混频器（逻辑门）与中频信号完成调制，调制后的信号送到一个"阻抗开关"，由阻抗开关改变天线的发射系数，从而对载波信号完成调制。

这种数据调制方式和普通的数据通信方式有很大的区别，在整个数据通信链路中，仅仅存在一个发射机，却完成了双向的数据通信。电子标签根据要发送的数据来控制天线开关，从而改变匹配程度。这与 ASK 调制有些类似。

无源电子标签还设计了波束供电技术，无源电子标签工作所需要的能量直接从电磁波束中获取。与有源标签相比，无源标签需要较大的发射功率，电磁波在电子标签上经过射频检波、倍压、稳压、存储电路处理，转化为电子标签工作时所需的工作电压。

1.2.4　物联网与 RFID 系统的应用

物联网与 RFID 系统具有广阔的市场前景，时至今日，已经有很多行业或部门部署了这样的系统，并收到了很好的效果，例如高速公路收费、车辆识别、电子票证、防伪标识、货物跟踪管理、门禁安保、现代化农场等领域。智能交通、智慧农业、智慧物流、智慧城市等方向更是物联网与 RFID 的应用前沿，蕴涵着巨大的发展空间。

智能交通（intelligent transportation system，ITS）是未来交通系统的发展方向，它是将先进的信息、控制等技术有效地集成运用于整个地面交通而建立的一种在大范围内发挥作用的，实时、准确、高效的综合交通运输管理系统。对于交通道路信息化改进的研究从 20 世纪 60 年代就开始了，现在，随着物联网产业的发展，智能交通从概念提上日程。智能交通系统将主要由移动通信、RFID 传感系统、物联网与云计算等等作为支撑。欧美、日本等对智能交通研究最早，应用也相对成熟。我国虽然起步较晚，但发展迅速。目前，北京市智能交通已初步建成交通智能化系统，包括现代化的交通指挥调度系统、交通事件的自动检测报警系统、自动识别"单双号"的交通综合监测系统、数字高清的综合监测系统、闭环管理的数字化交通执法系统、智能化的区域交通信号控制系统、城市快速路交通控制系统、交通信号控制系统的公交优先功能、连续诱导的大型路侧可变情报信息板和交通实时路况预测预报系统等，实现了实时掌握道路交通状况，动态调整警力投入，科学预测路网流量变化，第一时间处置各种交通意外事件。为保证道路的通畅、创造良好的交通环境提供了强有力的技术支撑。RFID 技术在智能交通中最显著的应用便是不停车收费系统（electronic toll collection，ETC）。在应用时，ETC 系统包括部署在收费站的接收系统以及由驾驶人保管的 ETC 卡两个部分。汽车通过收费站时无须停车，接收系统会激活车内的 ETC 卡进行收费。实践证明，普通人工窗口每小时通过汽车约 230 台，而 ETC 通道能达到 800 台[13]。部署使用 ETC 系统能极大地减少人工工作量并减少拥堵。2014 年，交通运输部正式启动了全国高速公路 ETC 的联网工作，这将加快高速公路信息化发展，提升我国智能交通的水平。图 1.8 展示了北京的智能交通系统控制中心以及利用 RFID 技术的 ETC 通道。

图 1.8　智能交通示例

摘自中国警察网 http://www.cpd.com.cn/gb/newspaper/2010-01/25/content_1277007.htm 和中华人民共和国交通运输部重庆市交通委员会网站 http://www.moc.gov.cn/st2010/chongqing/cq_tupianbd/201312/t20131211_1527611.html

　　智慧农业是农业生产的高级阶段，依托部署在农业生产现场的各种传感器（温度、湿度、土壤水分、二氧化碳、图像等），基于无线通信的物联网平台，为农业生产提供精准化种植、可视化管理以及智能化的决策。在国外，已经有使用 Zigbee 技术搭建的智能化大棚生产基地[14]。

　　以色列自身自然资源贫瘠，但对农业现代化的开发走在世界前列。以色列是土地贫瘠、水源奇缺的国家，年均降水量约 200 毫米，人均水资源 290 立方米，不足世界平均水平的百分之五。以色列一半以上地区的气候属于典型的干旱和半干旱气候，夏季气温高达 40 摄氏度。为了在恶劣的自然环境下发展，以色列的农业必须有精确的管理与规划。AutoAgronom 公司为以色列农业种植提供了最优设计，综合了灌溉与施肥两项功能。现代化的传感器被附在植物根部的土壤中，综合监控植物根部周围土壤的水分、化肥成分以及虫害情况。这些设备均接入物联网，将信息传回控制台。控制台将全面分析数据，为每一株作物提供精确的水分与化肥补给，实时地控制虫害，在保证作物效益的情况下最大程度地节约资源。对于在露天环境中的作物，控制台会根据传感器传回的天气情况，结合天气预报对灌溉水量进行调整。另一方面，以色列对资源消耗更大的畜牧业的管理更为精确。由于没有像新西兰或者西欧那样优良的天然草场，以色列的牧场基本都是圈养管理，为牲畜提供调配好的饲料。以奶牛牧场为例，牧场中的每一头奶牛都佩戴了集合现代化传感器的 RFID 项圈。项圈传感器能够监测奶牛进食、反刍以及运动的情况，从而分析奶牛的健康状况。这些信息通过 RFID 通信传递到综合控制系统，系统通过分析数据，能够为每头奶牛提供单独的饲料、药物供给，整体提升牧场牛奶的产量。图 1.9 展示了现代智慧农业中大棚的设计以及遍布在作物中间的传感器。

图 1.9　以色列智慧大棚示例

摘自以色列时报网站 http://www.timesofisrael.com/israeli-start-up-goes-for-the-silver-at-masschallenge/和帕拉姆公司网站 http://www.palram.es/page_13946

　　智慧物流是对现代物流行业的全面信息化提升。智慧物流依托物联网与 RFID 等传感技术，实现商品、货物从源头开始的追踪和管理，信息流协同实物流。通过整合物流数据、优化物流路线，提高效率，降低成本。智慧物流并非一朝一夕就能建立的，以沃尔玛公司为例，自 1970 年建立第一家配送中心以来，沃尔玛一直在优化、升级配送系统，以降低运营成本并服务更多客户。现在，沃尔玛通过以 RFID 以及条码技术为基础的货品物联网，实现了从订货到配送的一系列自动化物流处理。为了实时掌握商品销售情况以及货物的供应物流，沃尔玛建立了销售时点信息系统（point of sale，POS）、电子数据交换技术（electronic data interchange，EDI）等，为采购商品制定了同一产品代码，并从 2005 年起全面推进 RFID 标签在系统中的使用。如今，沃尔玛总部通过分析由 EDI 收集到的各个商店 POS 的销售信息，就可以将不同的需求信息发送给相关供应商和物流配送中心。供应商通过了解沃尔玛商品的销售情况，及时调整生产计划和材料采购计划，并通过 EDI 向沃尔玛总部和物流中心发送预先发货清单，得到确认后即开始发货。物流中心在接受货物时，通过 RFID 等识别技术即可核对清单，完成收货操作。在这些环节之外，沃尔玛也为路上的商品物流建立了实时监控系统。现在，货品的 RFID 标签将向运输单位提供具体的货品信息，运输单位通过全球定位系统可以确定运输货物的具体位置，而通过沃尔玛自己的物流卫星，这些信息将实时地传递到总部，并分享给各个物流中心，实现商品的全程追踪。图 1.10 展示了现代化的智慧仓储设计，货物具体信息可以通过 RFID 识别。

图 1.10　沃尔玛智慧物流示例

摘自沃尔玛集团网站 http://news.walmart.com/media-library/photos/logistics-truck-fleet/distribution-center、
http://news.walmart.com/media-library/photos/logistics-truck-fleet/walmart-truck-close-up

智慧城市是更高层面的设计[15-17]，在技术层面上，智慧城市仍旧是利用 RFID 等传感系统，结合物联网、无线通信等信息技术，综合感知、分析、整合城市的各方面数据，实现对包括民生、环保、公共安全、城市服务、工商业活动在内的各种需求做出快速智能的响应。智慧城市将是智能交通、智慧物流、智能工业、智慧农业、智能家居、智慧医疗等的综合发展实体，全面实现自然与人、城市与人的和谐相处。

物联网以及 RFID 技术已经获得了巨大的市场空间，但这还并未展示出这个市场的全部潜力，预计在 2015 年至 2020 年间，物联网设备将呈现爆发式增长。

同样地，传统电信企业也对无线网市场抱有极大信心，思科甚至认为，到 2020

年左右，全球将有 500 亿设备接入物联网，而市场潜在价值将高达 6.2 万亿美元。另一方面，随着全球的科技进步以及经济增长，传统工业模式亟待升级。对此，德国政府提出了工业 4.0 项目[18]。整个工业 4.0 项目包含三个主题：一是"智能工厂"，重点研究智能化生产系统及过程，以及网络化分布式生产设施的实现；二是"智能生产"，主要涉及整个企业的生产物流管理、人机互动以及 3D 打印等技术在工业生产过程中的应用；三是"智能物流"，主要通过互联网、物联网、物流网，整合物流资源，充分发挥现有物流资源供应方的效率，而需求方则能够快速获得服务匹配，得到物流支持。可以看出，整个工业 4.0 项目就是传统工业的现代化升级，将物联网与 RFID 系统从基本层面整合进入生产、物流等过程。

中国政府也提出了自己的工业改革计划——"中国制造 2025"。中国制造 2025 是中国政府打造"制造强国"而提出的计划，关系到中国的持续性发展，而在实际操作层面，其与工业 4.0 并没有实质性的差距。有理由相信，物联网以及 RFID 系统将助力中国工业产业升级，其自身产业也蕴涵巨大的发展潜力与市场空间。图 1.11 展示了智慧工业的新蓝图，通过 RFID 技术实现生产线的自动化，通过物联网技术实现远程、综合、实时的生产管理。

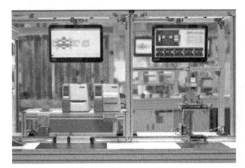

图 1.11　智慧工业：工业 4.0 与中国制造 2025

摘自博世集团网站 http://blog.bosch-si.com/categories/manufacturing/2014/11/industry-4-0-why-it-belongs-on-the-ceo-agenda/和菲尼克斯电气网站 https://www.phoenixcontact.com/online/portal/pc?1dmy&urile=wcm%3apath%3a/pcen/web/corporate/press/press_information/d2e214cc-d34e-4e38-b435-8ea6b7dcef45

1.3　RFID 系统防碰撞技术

RFID 技术与其他识别技术相比较，其中一个很重要的优势就是能够实现多目标同时识别。在大部分 RFID 识别场景中，有两种常见情形：一种是在一个读写器读取范围内存在多个 RFID 标签，即标签碰撞；另一种情况是一个标签可能会同时被多个读写器读取，也即读写器作用范围重叠。

如果要实现多目标的同时识别，就要解决多标签对应一个读写器或多个读写器时产生的信号干扰问题，这就是 RFID 系统的碰撞问题。承上所述，碰撞问题可分为标签碰撞和读写器碰撞两种。读写器碰撞是指当多个标签对应多个读写器时，因读写器工作频率发生重叠，使标签无法选择合适的读写器，从而无法建立标签与读写器之间的通信链路；标签碰撞是指当多个标签对应一个读写器时，标签同时向读写器发送数据，信号之间相互碰撞，使读写器无法正确获取相关信息。由于读写器作为有源设备，其性能设计强大，且读写器之间可以相互通信，因此，读写器碰撞可由读写器之间通信并遵循统一的读取规则解决。真正困扰 RFID 系统进行多标签同时识别的问题，正是标签碰撞。

标签碰撞问题的实质是信道争用，防碰撞是在提高信道的利用率。为了从原理上更清楚地阐释这个问题，本章从信道的基本概念出发，介绍当前解决问题的基本思路。

1.3.1　信道与信道容量

信道是信号在通信系统中不可缺少的部分之一。信道是将来自发送端的信号传送到接收端的物理媒介，可以分为有线信道和无线信道。信道的质量影响信号的接收和调制，这种影响表现在两个方面：一方面信号在实际信道中传输时，信道特性不理想会引起信号波形的失真；另一方面信道中存在各种噪声，会影响信号的传输。信道通常可分为加性高斯白噪声信道、瑞利衰落信道等[19]。

广义上，信道按照它包含的功能，可以分为调制信道与编码信道。所谓调制信道是指调制器输出端到解调器输入端的部分，从调制和解调的角度来看，即调制器输出端到解调器输入端的所有变换装置及传输媒质。不论其过程如何，只不过是对已调信号进行某种变换。我们只需要关心变换的最终结果，而无须关心其详细物理过程，因此，研究调制和解调时，采用这种定义是方便的。

同理，在数字通信系统中，如果我们仅着眼于讨论编码和译码，采用编码信道的概念是十分有益的。编码信道是指编码器输出端到译码器输入端的部分。这样定义是因为从编译码的角度来看，编码器的输出是某一数字序列，而译码器的输入同样也是某一数字序列，它们可能是不同的数字序列。因此，从编码器输出端到译码器输入端，可以用一个对数字序列进行变换的方框来加以概括。

为了分析信道的一般特性及其对信号传输的影响，我们在信道定义的基础上，引入调制信道与编码信道的数学模型。

首先，讨论调制信道模型。在具有调制和解调过程的任何一种通信方式中，调制器输出的已调信号即被送入调制信道。对于研究调制与解调的性能而言，可以不管信号在调制信道中作了什么样的变换，也可以不管选用了什么样的传输媒质，我们只需关心已调信号通过调制信道后的最终结果，即只需关心调制信道输出信号与输入信号之间的关系。对调制信道进行大量的考察之后，可以发现其具有如下共性：

（1）有一对（或多对）输入端和一对（或多对）输出端；

（2）绝大多数信道都是线性的，即满足叠加原理；

（3）信号通过信道具有一定的迟延时间，而且它还会受到（固定的或时变的）损耗；

（4）即使没有信号输入，在信道的输出端仍有一定的功率输出（噪声）。

根据上述共性，我们可以用一个二对端（或多对端）的时变线性网络来表示调制信道，这个网络称为调制信道模型。

对于二对端的信道模型，其输出与输入的关系为

$$e_o(t) = f[e_i(t)] + n(t) \tag{1.2}$$

式中，$e_i(t)$ 为输入的已调信号；$e_o(t)$ 为信道总输出波形；$n(t)$ 为加性噪声（或称加性干扰）。这里 $n(t)$ 与 $e_i(t)$ 无依赖关系，或者说，$n(t)$ 独立于 $e_i(t)$。$f[e_i(t)]$ 表示已调信号通过网络所发生的（时变）线性变换。

现在，我们假定能把 $f[e_i(t)]$ 写为 $k(t)e_i(t)$，其中，$k(t)$ 依赖于网络的特性，$k(t)$ 乘 $e_i(t)$ 反映网络特性对 $e_i(t)$ 的作用。$k(t)$ 的存在，对 $e_i(t)$ 来说是一种干扰，通常称其为乘性干扰。于是式（1.2）可表示为

$$e_o(t) = k(t)e_i(t) + n(t) \tag{1.3}$$

式（1.3）即为二对端信道的数学模型。

由以上分析可见，信道对信号的影响可归结为两点：一是乘性干扰 $k(t)$，二是加性干扰 $n(t)$。我们如果了解 $k(t)$ 与 $n(t)$ 的特性，就能搞清楚信道对信号的具体影响。信道的不同特性反映在信道模型上仅为 $k(t)$ 及 $n(t)$ 不同而已。

通常，乘性干扰 $k(t)$ 是一个复杂的函数，它可能包括各种线性畸变、非线性畸变。同时，由于信道的迟延特性和损耗特性随时间作随机变化，故 $k(t)$ 往往只能用随机过程来表述。不过，大量观察表明，有些信道的 $k(t)$ 基本不随时间变化，也就是说，信道对信号的影响是固定的或变化极为缓慢的；而有些信道则不然，它们的 $k(t)$ 是随机快速变化的。因此，在分析乘性干扰 $k(t)$ 时，可以把信道粗略分为两大类：一类称为恒（定）参（量）信道，即它们的 $k(t)$ 可看成不随时间变化或基本不变化；另一类则称为随（机）参（量）信道，它是非恒参信道的统称，或者说，它的 $k(t)$ 是随机快速变化的。

现在，再来讨论编码信道模型。它与调制信道模型有明显的不同。调制信道对信号的影响是通过 $k(t)$ 及 $n(t)$ 使已调制信号发生模拟性的变化；而编码信道对信号的影响则是一种数字序列的变换，即把一种数字序列变成另一种数字序列。因此，有时把调制信道看成是一种模拟信道，而把编码信道看成是一种数字信道。

由于编码信道包含调制信道，故它要受调制信道的影响。不过，从编码和译码的角度来看，这个影响已反映在解调器的输出数字序列中，即输出数字将以某种概率发生差错。显然，调制信道越差，即特性越不理想和加性噪声越严重，则发生错误的概率将会越大。因此，编码信道模型可以用数字的转移概率来描述。

上面对二对端信道的数学模型作了详细叙述，而在讨论信道对标签工作的影响时，以下几个概念非常重要。

信道带宽定义为信道所允许通过的频带宽度，简称为带宽[20]。带宽的计算如下式

$$BW = f_2 - f_1 \tag{1.4}$$

式中，f_2 是信号在信道中能够通过的最高频率；f_1 则是最低频率。这两者都是由信道的物理特性决定的。当信道的组成确定了，带宽也就确定了。

根据香农的计算，在典型情况下，即在高斯白噪声的干扰的情况下，信道容量写为

$$C = BW \log_2 \left(1 + \frac{S}{N}\right) \tag{1.5}$$

式中，BW 的单位是赫兹；S 是信号功率，N 是噪声功率，单位均为瓦。信道容量与信道带宽成正比，确定了在当前信道中的最大信息传送速率。

由信道定义、信道容量的计算公式可以看出，在一个确定的 RFID 标签读写场景中，背景噪声相对稳定，发射功率一定，介质条件一定，因此信道容量是存在固定上限的。因而防碰撞算法就是在固定信道容量的情况下，提高信道的利用率。

由式（1.5）可知信道容量。单输入单输出（SISO）系统的发射端为单读写器，接收端为单标签，由此可得信道矩阵 H 为单位矩阵，信噪比为 ξ，根据式（1.5），归一化信道容量

$$C = \log_2(1 + \xi) \tag{1.6}$$

单输入多输出（SIMO）系统的接收方配有 M 个标签，发射方只有 $N = 1$ 个读写器天线；信道矩阵 $H = [h_1 \ h_2 \ \cdots \ h_M]$，其中 h_i 表示从发射方到接收方的第 i 根读写器天线的信道系数，则信道容量

$$C = \log_2(1 + HH^{\mathrm{T}}\xi) = \log_2\left(1 + \sum_{i=1}^{M} |h_i|^2 \xi\right) = \log_2(1 + M\xi) \tag{1.7}$$

多输入单输出（MISO）系统的发射方配有 N 根读写器天线，接收方只有 $M = 1$ 个标签；信道矩阵 $H = [h_1 \ h_2 \ \cdots \ h_N]$，其中 h_j 表示从发射端的第 j 根读写器天线到接收端的信道系数，则信道容量

$$C = \log_2(1 + HH^{\mathrm{T}}\xi) = \log_2\left(1 + \sum_{j=1}^{N}\left|h_j\right|^2 \xi\right) = \log_2(1 + N\xi) \tag{1.8}$$

而 MIMO 系统发射端配有多根读写器天线，接收端配有多个标签，即 M、N 均大于 1，信道容量

$$C = \log_2(1 + MN\xi) \tag{1.9}$$

可见，相对于 SISO、SIMO 和 MISO 系统，MIMO 系统信道容量呈线性增加，4 个系统的信道容量和信噪比 ξ 是呈对数关系的，因此，通过增加发射端天线和接收端标签数目，设法提高数据传输速率、增加信道容量是完全可能和非常有效的。

选择 MIMO（4×4）与 SISO（1×1）、SIMO（1×4）与 MISO（4×1）信道进行仿真，其信噪比最小值 $SNR_{\min} = 0\text{dB}$，最大值 $SNR_{\max} = 45\text{dB}$，图 1.12 给出了 SISO、SIMO、MISO 和 MIMO 信道的信道容量与 SNR 的关系曲线。

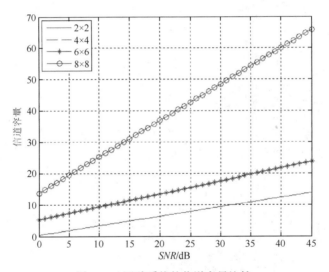

图 1.12　四种系统的信道容量比较

由图 1.12 可见，SIMO（1×4）与 MISO（4×1）系统的信道容量基本一致；在信噪比相同的条件下，MIMO（4×4）系统的信道容量比 SIMO（1×4）与 MISO（4×1）系统的信道容量显著增加了，SIMO（1×4）与 MISO（4×1）系统的信道容量比 SISO 系统的信道容量有所增加。

分析 $N = M$ 时不同标签组合的 MIMO 信道容量，分别选取 2×2、4×4、6×6 和 8×8 多标签多天线系统，建立仿真模型。图 1.13 显示了不同标签组合信道容量与 SNR 的关系曲线，此时信道容量随读写器和标签数量的增多呈对数增加，即增加发送端的天线数和接收端的标签数，可成倍地增加信道容量。

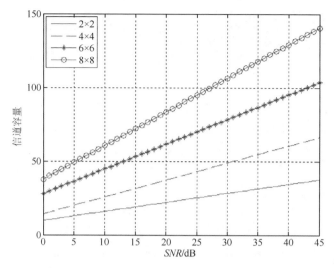

图 1.13　不同标签组合的 MIMO 信道容量比较

由信道定义、信道容量的计算公式还可以看出，在一个确定的 RFID 标签读写场景中，背景噪声相对稳定，发射功率一定，介质条件一定，因此信道容量是存在固定上限的。因而防碰撞算法就是在信道容量固定的情况下，研究如何提高信道的利用率。

实际上，各国学者早已开始探索使通信系统提高信道利用率、实现多路存取的方法，即克服信号碰撞问题的方法[21]。解决 RFID 标签碰撞问题的基本思路也在其中，因此有必要对这些方法作简单分析。

1）空分多址（space division multiple access，SDMA）

空分多址的方法通过对空间范围进行划分，以此对多目标进行识别。对 RFID 系统而言，一种应用方法是按照距离对标签和读写器进行划分，代价是空间中可能需要更多的读写器；另一种应用方法是在读写器空间加入相控阵天线，读写器利用角度位置的不同来区分不同空间标签。空分多址使用的相控阵天线很复杂，成本也很高，只在特殊场合，例如大型马拉松运动会中才会采用这种技术。

2）频分多址（frequency division multiple access，FDMA）

频分多址是将传输信道划分为若干个不同载波频率的子信道，各信道之间有隔离区域以防止信道之间的干扰。在 RFID 系统中，一般读写器到标签的通信，即下行链路，频率是固定的。若应用频分多址方法，则从标签到读写器的信号传输，即上行链路，传输数据的频率必须不固定，这样读写器就可以通过频率区分不同标签。在 RFID 系统中应用频分多址技术存在明显缺点，每个标签必须有单独的接收模块，读写器工作频率也需拓宽，从而提高了成本。

3）时分多址（time division multiple access，TDMA）

时分多址是将整个信道传输的信息划分成若干时隙，分配给多个用户。其特点是时隙分配固定，适宜于传输数字信息。时分多址的应用非常广泛，电话的推广和应用就是经典的应用例子。对 RFID 系统来说，时分多址是防碰撞算法中应用最广泛的基本原理，例如下文将要介绍的 ALOHA 方法、二进制树方法等。

4）码分多址（code division multiple access，CDMA）

随着人们对无线通信的质量要求越来越高，码分多址技术也应用到民用通信领域。码分多址技术最早可追溯至第二次世界大战时期军用的扩频通信技术。应用码分多址通信时，发送端先用伪随机码对需要传送的信息进行调制，然后利用载波发送；接收端则需要相同的伪随机码来解扩所接收到的信号。码分多址不分频段传输，通过编码来区分同时传输的多路信息，而将不需要的信号当作噪声抛弃。码分多址技术信道容量不大，频带利用率不高，地址码选择也需要较强的计算能力，接收器需要较长时间来捕获地址码。这使得码分多址很难应用于 RFID 系统。

传统通信领域的多路复用方法很难直接应用于 RFID 多标签读取问题，但随着 RFID 的发展，这些方法包含了解决问题的可能性。在标签防碰撞方面，考虑到标签内部的复杂程度与成本问题，实际中用到的 RFID 标签大部分都是无源标签，因此，本章主要关注无源标签的防碰撞问题。防碰撞方法从思路上分为两种，一种是根据现有资源，通过软件算法实现标签防碰撞；另一种则是通过优化硬件环境，包括标签按特定几何分布、降低空间电磁波干扰、设计新颖的天线、搭建多入多出系统等物理方法实现标签防碰撞。

1.3.2　软件防碰撞

目前最常用的软件防碰撞算法可以分为两类，一种是以 ALOHA 算法为代表的概率算法（ISO/IEC 18000-6 Type A 标准定义的标签），另一种是以二进制数（binary tree）算法为代表的确定性算法（ISO/IEC 18000-6 Type B 标准定义的标签）[22]。

ALOHA 算法的基本理念是时分多址。ALOHA 算法简单、便于实现，适用于低成本 RFID 系统。但由于该类算法存在随机性，即存在某一标签在相当长一段时间内无法识别的可能性，所以这类方法被称为概率方法。

1）纯 ALOHA（pure ALOHA）算法

纯 ALOHA 算法是一种简单的时分多址存取方法。ALOHA 原是夏威夷人用以致意的问候语句。20 世纪 70 年代，夏威夷大学的 ALOHA 系统是第一个使用无线广播技术作为通信设施的计算机系统，该系统应用于地面网络，采用的协议就是 ALOHA 协议，即纯 ALOHA。纯 ALOHA 思想简单，标签实时地发送数据到读写器，这样就会产生碰撞。然而，基于广播信道的反馈性，发送端可以进行碰撞检测，一旦发送端检测到碰撞，就等待一段随机时间，重新发送该帧，直到发送成功，基本过程如图 1.14 所示。

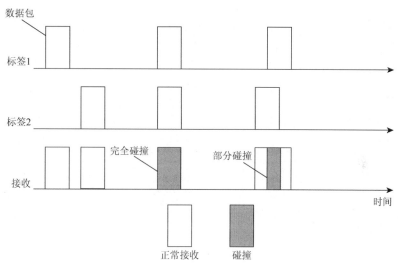

图 1.14   纯 ALOHA 算法原理图

这种算法适用于对实时性要求不高的场合，只要保证通信识别过程的时间足够长，读写器就可以识别其读写范围内的所有标签。但这种算法只在传输少量信息给读写器的只读标签时才会采用，并且会出现数据部分碰撞的情形。

2）时隙 ALOHA（slotted ALOHA）算法

时隙 ALOHA 算法在 1972 年被提出，其基本思想是把信道划分成离散的时隙（slots），由系统决定时隙的大小，但时隙至少大于发送数据所需的时间；并规定只有在每个时隙的临界处，标签才会主动向读写器发送数据，发送数据的时间固定在每个时隙内，这样数据要么发送成功，要么完全冲突，等待下一个时隙再次发送。这样就有效避免了数据的部分冲突问题。

时隙 ALOHA 的原理如图 1.15 所示，假设读写器作用范围内存在 4 个标签，在第一个时隙，标签 1 和标签 2 同时向读写器发送数据，2 个标签的数据发生碰撞，发送失败，标签 1 和标签 2 经过一定的时延会再次发送；在第二个时隙，标签 3 发送数据，过程中没有与其他标签的数据发生碰撞，发送成功；在第三个时隙，标签 2 再次发送的数据与标签 4 发送的数据发生碰撞，发送失败，标签 2 和标签 4 经过一定的时延会再次发送；在第四个时隙，标签 1 再次发送的数据没有与其他标签的数据发生碰撞，发送成功，依此类推。

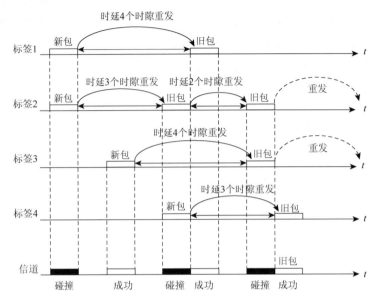

图 1.15　时隙 ALOHA 算法原理图

3）固定帧时隙 ALOHA 算法（fixed framed slotted ALOHA，FFSA）

固定帧时隙 ALOHA 算法是 ALOHA 算法的一种改进。系统在时隙 ALOHA 的基础上，将 N 个时隙组成一帧。技术过程如图 1.16 所示。识别过程开始时，由

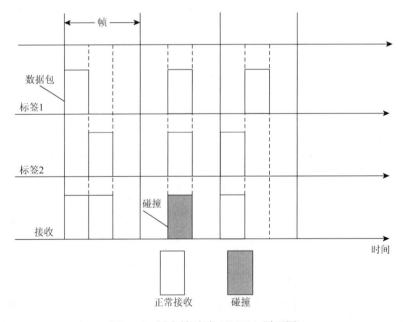

图 1.16　固定帧时隙 ALOHA 原理图

读写器向识别场内所有标签发送一个包含时隙数 N 的命令。标签收到命令后，将其时隙计数器复位为 1，开始记录时隙数，同时从 1 至 N 中选择一个数作为其发送时隙数值。当时隙计数器计数值达到该选择值时，该标签开始向读写器发出应答信息，若标签被读写器成功识别，则退出系统。若一个帧时隙内有 2 个标签作出应答，则发生碰撞，系统将等待下一个帧进行读取。一个帧完成后，读写器开始另一个时隙数为 N 的新帧。

固定帧时隙 ALOHA 方法的缺点在于帧内时隙数与标签数目相差较大时，系统效率将非常低。

4）动态帧时隙 ALOHA 算法（dynamic framed slotted ALOHA，DFSA）

动态帧时隙 ALOHA 算法是对固定帧时隙 ALOHA 方法的改进和补充，基本理念在于动态地增加或减少帧大小，使时隙大小和读写器作用范围内未识别的标签数相匹配，从而使 RFID 系统效率最高，过程如图 1.17 所示。动态帧时隙 ALOHA 算法的关键在于正确获取未识别的标签的数量以及发生碰撞时的时隙数等信息。

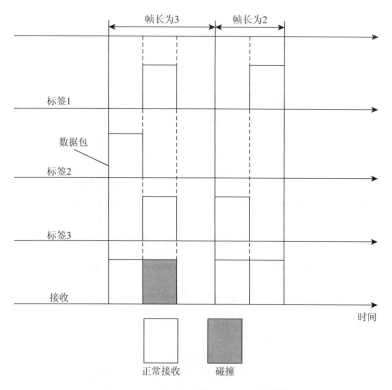

图 1.17　动态帧时隙 ALOHA 原理图

在确定性算法中，最常用的就是二进制搜索树（binary search tree，BST）算法。二进制搜索树算法的基本思路是读写器发送包含全序列号的请求命令，标签群收到请求命令后，将自身的序列号与其比较，若符合要求则返回数据；如果发生碰撞，读写器根据序列号的碰撞位置将标签分离。二进制搜索树算法较繁复，识别时间较长，但不存在某一标签在相当长时间内无法识别的问题，因此被称为确定性方法。这里介绍基本的二进制搜索树、后退式二进制搜索树、动态二进制搜索树三种较为常见的二叉树类方法。

1）二进制搜索树（binary search tree，BST）

二进制搜索树算法类似于二分法，按树形分枝进行搜索。所有用二进制唯一标识的标签序列号可以构成一棵完全二叉树。在阅读器作用范围内同步向阅读器发送信号的标签序列号也构成一棵二叉树。阅读器根据信号碰撞的情况反复对完全二叉树的分枝进行筛剪，最终找出对应的标签。

如图 1.18 所示，假设有 6 个标签，ID 分别是 0010，0100，0101，1001，1110，1111。从父节点开始查询，读写器向标签发送信息 0，所有 ID 第一位为 0 的标签响应，向读写器发送响应信号，即在 0 节点发生碰撞；读写器再次向响应标签发送信息 00，只有标签 0010 响应，即此标签被识别；读写器再次发送信息 01，标签 0100、0101 响应，读写器发送响应信号，即在 01 节点发生碰撞；读写器再次发送信息 010，标签 0100、0101 响应，读写器发送响应信号，即在 010 节点发生碰撞；读写器再次向响应标签发送信息 0100，只有标签 0100 响应，即此标签被识别；读写器再次向响应标签发送信息 0101，只有标签 0101 响应，即此标签被识别。至此，0 节点的标签查询完毕，1 节点的标签查询与此相同。

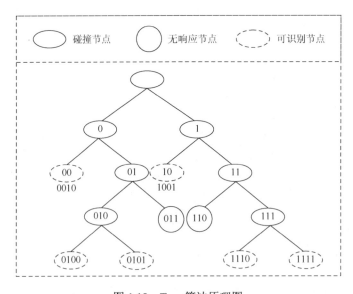

图 1.18　Tree 算法原理图

2）后退式二进制搜索树（regressive-style binary search tree，RBST）

基本的二进制搜索树算法在完成一次识别之后，将从根节点开始循环进入下一次识读过程。为了减少算法的搜索次数，后退式二进制搜索树在完成一次识别之后，并不会退至根节点重新识别，而是后退至上次碰撞的节点继续查询。

后退式二进制树算法的步骤如下：

（1）标签进入读写器工作范围，读写器发出一个最大序列号信号，所有标签的序列号均小于等于该最大序列号，所以标签应答器在同一时刻将自身序列号发回给读写器。

（2）由于标签序列号的唯一性，若标签数目不少于两个，系统就会发生碰撞。此时将最大序列号中对应碰撞起始位置为 0。低于该位者不变，高于该位者置 1。

（3）读写器将处理后的最大序列号发送给标签，标签应答器将自身序列号与该值比较，小于或等于该值者，将自身序列号发回。

（4）循环操作上述步骤，直到选出一个最小序列号的应答器，与之正常通信后，命令该标签应答器进入休眠状态，即除非重新上电，否则不再响应读写器请求命令。

（5）返回上一个发生碰撞的节点，获取该节点对应的最大序列号，重复上述过程，即可按序列号从小到大依次识别出各个标签。

承接上例，假设标签 0100 在某次搜索中被识别，与基本二进制搜索树返回 0 这个根节点不同的是，读取器会返回 010 这个碰撞节点，并搜索 0101 这一标签（搜索碰撞节点的最大值）。这样就可以立即识别下一个标签，提高识别效率。

3）动态二进制搜索树（dynamic binary search tree，DBST）

动态二进制搜索算法对基本二进制搜索算法改进的关注点在于减少系统的信息传递数据量。在实际应用中，RFID 标签的识别序列号位数可能不止 4 位，多的能达到十几个字节。对于这种长序列号的标签，假如每次都完整地传输其序列号的值，需要传输的数据量就相对变大，时间花费就变长。发展动态二进制搜索方法就是为了解决这个问题。

动态二进制树算法的步骤如下：

（1）标签进入读写器工作范围，读写器发出一个最大序列号信号，所有标签的序列号均小于等于该最大序列号，所以标签应答器在同一时刻将自身序列号发回给读写器。

（2）由于标签序列号的唯一性，当标签数目不少于两个时，系统必然发生碰撞。发生碰撞时，读写器将最大序列号中对应的碰撞起始位置为 0，低于该位者不变。

（3）读写器将处理后的碰撞起始位与低位发送给标签应答器，标签应答器将自身序列号与该值比较，等于该值者，将自身序列号中剩余位发回。

（4）循环操作上述步骤，直到选出一个最小序列号的标签。读写器与该标签进行正常通信后，发出命令使该应答器进入休眠状态，即除非重新上电，否则不响应读写器请求命令。

（5）重复以上操作，直到按序列号从小到大的顺序依次识别出各个标签。

1.3.3　物理防碰撞

除了使用算法来规避标签碰撞的方法，本书还提出了通过物理方法来减少标签碰撞的新思路。这里简要介绍以下四种方法。

1）基于 Fisher 信息矩阵的 RFID 多标签最优几何分布优选配置方法

使用软件算法只能防止标签碰撞，并不能提高系统的识读性能。Fisher 信息矩阵中包含了每个标签的位置、检测值等信息，通过分析计算 Fisher 信息矩阵行列式，可以得出标签几何分布与读写器的关系，获取多标签系统的最优几何分布。通过引入 Fisher 信息矩阵来研究 RFID 标签的位置分布，进而对标签进行最优的几何排布，能够有效提高多标签系统的动态性能，降低识读误差。

2）通过调整天线的设计来增强系统多标签识读能力的方法

所有天线（除了理想的点源天线）在空间的辐射均具有方向性。通过改变天线的制造工艺、改变天线的长宽比、加大天线下倾角度等方法，从而调整天线的方向性、谐振频率等，可以有效提升系统在多标签识读时的性能。

3）搭建 RFID 多输入多输出（RFID-MIMO）系统的方法

随着对 RFID 研究的深入和多输入多输出（multi-input multi-output，MIMO）通信的快速发展，RFID 与 MIMO 通信交融建立起来的 RFID-MIMO 系统呈现出广阔的发展空间。MIMO 技术在 RFID 中通过近场空间复用和远场空间分集排除干扰提升了系统的可靠性。MIMO 信道具有工作在相同频率的多条链路，从而可以在不增加信号带宽的基础上加长 RFID 的读写距离、降低 RFID 的系统误码率并提高标签的读写速率。

4）降低环境空间电磁干扰的方法

从式（1.5）可以看出，空间中的噪声对 RFID 系统的通信信道会有影响。因此，设计、应用 RFID 系统时，工程师若能够准确掌握环境对电磁场的影响，并正确地使用这些参数来优化系统，那么对提高整个 RFID 系统的识读性能、降低识读的错误率会很有帮助。

对于环境电磁场的参数，主要考虑以下三点：

（1）媒质中电磁波的工作波长

$$\lambda = \frac{\sqrt{2}}{f\sqrt{\mu\varepsilon}}\left(\sqrt{1+\left(\frac{\sigma}{\omega c}\right)^2}-1\right)^{-\frac{1}{2}} \tag{1.10}$$

式中，λ 代表媒质中的电磁波波长；f 是电磁波频率；ω 是角频率；c 是真空中的光速，以上这些是表征电磁波的参数。而 μ 是介质的磁导率；ε 是介电常数；σ 是电导率，此三项是表征材料的参数。

这里面，波长对天线尺寸有影响，因此，在实际应用中，要么改变天线设计以抵消环境影响，要么改变环境媒质以适应天线。

（2）介质材料的衰减系数

$$\alpha = \frac{\omega\sqrt{\mu\varepsilon}}{\sqrt{2}}\left(\sqrt{1+\left(\frac{\sigma}{\omega c}\right)^2}-1\right)^{\frac{1}{2}} \tag{1.11}$$

式中，α 表征电磁波在介质中振幅的衰减系数，在工程中经常使用 α 的正切值作为耗散因子。可以看出，仅在电导率为 0 时，电磁波才会在介质中无损耗传播，这在实际应用中并不存在。同样，衰减系数会显著影响 RFID 系统的识读距离，这在部署系统时必须要考虑。

此外，当天线捕获空间电磁波时，天线的基材的衰减系数也会影响系统对信号的解码，从而对识读造成障碍，因此在设计天线时，所选择的材质的电导率应当越低越好。

（3）超材料及其电磁性质。超材料（metamaterial）指的是一些具有人工设计的结构并呈现出天然材料所不具备的超常物理性质的复合材料，在这种介质中，电场强度、磁场强度和电磁波波矢之间遵守左手定则，由此称之为"左手材料"。图 1.19（a）展示了一种周期性构成的超材料，图 1.19（b）显示了超材料可以改变电磁波的传输方向。

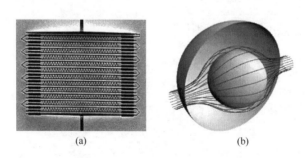

(a)　　　　　　　　　　　(b)

图 1.19　一种超材料及电磁性质

摘自中国科学报网站 http://news.sciencenet.cn/sbhtmlnews/2013/8/276915.shtm 和中国日报网站
http://www.chinadaily.com.cn/hqbl/2006-06/13/content_615643.htm

当电磁波在超材料中传播时，会表现出一些奇异的特性：

（1）电磁波的群速方向与相速方向反向平行，即波矢的方向与能量的传播方向相反，电场、磁场、波矢之间满足左手定律。

（2）逆多普勒效应（reversed Doppler effect）。在左手材料中所观测到的频率变化与右手材料中的效应相反。在右手材料中，当观察者向着波源运动时，观察者所测到的频率要高于波源振动的频率，这就是多普勒效应；在左手材料中，同样地，当观察者向着波源运动时，观察者所测到的频率要低于波源振动的频率，此为逆多普勒效应。

（3）逆 Snell 折射效应（reversed Snell refraction）。折射率为负值，在左手材料和右手材料的界面处，折射线和入射线居于界面法线的同侧。因此会呈现出所谓的"完美透镜"现象。

（4）逆 Cerenkov 辐射效应（reversed Cerenkov radiation）。当带电粒子在介质中运动时，介质中产生诱导电流，由这些诱导电流激发次波，当带电粒子的速度超过介质中的光速时，这些次波与原来的电磁场互相干涉，可以形成辐射电磁波。这种辐射称为 Cerenkov 辐射。在右手材料中，电磁波激发的辐射以锐角向前散射；而在左手材料中，电磁波的辐射方向发生了改变，是以钝角向后散射。

1.4　RFID 系统动态测试技术

RFID 系统测试是指在 RFID 系统开发设计的某一环节，或其应用的某一特定环境中，结合一定的测试方法和现场模拟仿真技术，通过 RFID 产品测试仪器、测试平台对其性能参数进行测试，并对测试结果进行评估分析，从而针对性地制定产品的生产标准及测试规范等，促使 RFID 测试技术标准化体系逐步完善，不断提高 RFID 产品的性能指标。

1.4.1　RFID 系统测试的主要内容

一般而言，RFID 系统测试的主要内容可以分为四类：

（1）功能测试：由于典型的 RFID 系统包括 RFID 标签、RFID 阅读器和 RFID 后台系统三部分，因此功能性测试主要针对这三部分。RFID 标签功能测试包括标签解调方式和返回时间测试、标签反应时间测试、标签反向散射测试、标签返回准确率测试、标签返回速率测试等；RFID 阅读器功能测试包括阅读器调制方式测试、阅读器解调方式和返回时间测试、阅读器指令测试等；RFID 后台系统功能测试包括 RFID 中间件系统功能测试和 RFID 应用系统功能测试。

（2）性能测试：主要针对应用于 RFID 系统的读写器、天线和标签芯片的基准特性测试及相关性能指标的测试，包括发射频谱、灵敏度、读写器识别速率测试；不同系统参数（如标签的数量、移动速度、贴附材料、数据信息量大小、标签进入读写器识别场的方位、多标签空间组合方案等）设置情况下，RFID 系统的通信速率、通信距离测试；标签天线方向性，标签识读距离，标签返回信号强度，标签最小工作场强，频带宽度，抗噪声性能，各种环境下标签的读取率、读取速度测试；RFID 应用系统性能测试及 RFID 中间件系统性能测试。

（3）一致性测试：针对 RFID 产品空中接口协议符合性的测试，根据 ISO/IEC 18047 系列标准定义的 RFID 产品空中接口协议，测试包括 RFID 读写器和标签在内的通信参数，如通信时序、帧结构、标签解调能力、调制参数、数据速率和编码、工作强度、工作频率等。

（4）系统安全性测试：主要包括无线通信数据安全测试和网络安全测试等，如 RFID 应用系统安全性测试、RFID 中间件安全性测试、RFID 后台网络的安全性测试；标签内容操作的安全性及空中接口通信协议安全测试、安全审计测试、RFID 系统通信链路标签访问控制；读写器内部软件系统安全性测试、芯片不同信息区安全性测试、数据加密机制等。

根据其他分类标准，还可将所有 RFID 测试方法分类为性能测试、质量测试、功能测试及安全性能测试等。除此以外，RFID 系统测试还包含有关质量认证方面的测试和一些基本物理测试，如读写器和标签特殊技术指标、电气安全参数、环境试验参数、电磁兼容等。

RFID 系统测试中包含三个具有特殊意义的常用测试参数，分别是：

（1）读取率（识别率）：在不同的应用环境中或测试条件下，RFID 系统中的读写器对标签进行读取操作后，能成功读取数据的概率。

（2）最大读取（识别）距离：RFID 读写器对标签进行识别读取操作时，能识别成功的标签与读写器天线之间的最大距离。

（3）100%读取（识别）距离：指读写器对标签进行若干次读取操作，所有读取次数均可成功的最大距离。

显然，100%读取（识别）距离必定小于等于最大读取（识别）距离，由于确认 100%读取距离的工作是一个复杂而又繁冗的过程，所以在模拟实验和现场测试中，一般都只考虑最大读取距离。除了上述三个最常用的参数概念外，还有最大写入距离、最大 100%写入距离和写入率等参数。

1.4.2　RFID 测试技术国内外研究进展

目前，RFID 技术、标准及应用已被用户广泛了解，RFID 单项技术的发展相对比较成熟，在许多关键技术领域也获得了重大突破，但 RFID 测试技术及其重要性仍未得到足够的重视，在 RFID 系统的部署和应用中仍会出现一些技术难题，如多个物品堆积时因为标签之间的相互干扰而导致的识别率下降及冲突问题，多读写器多通道带来的信息重复读取、标签去重问题，贴附电子标签的物品材质对电磁信号所产生的干扰，安全架构设计漏洞造成的非法读取问题等。要解决上述问题，不仅需要在单项技术上取得突破性成果，还需要对 RFID 系统进行测试验证，通过大量反复的测试工作，研究统计结果，从而发现问题并改进设计。

RFID 测试技术是整个 RFID 产业链的技术支撑，可以满足各个环节的不同测试需要。RFID 测试技术包括研发测试、认证测试、现场测试等，其测试内容可分为读写器测试、标签测试、协议一致性测试、空中接口一致性测试等多个方面。基于 RFID 测试工作的重要性，许多国际大公司（诸如 Microsoft、IBM、UPS、Sun 等）都投入大量经费，建立科研团队和测试中心，研究 RFID 测试技术与方法，并提出 RFID 应用系统解决方案，凭借自己在业内的强大影响力占领并引导 RFID 相关市场。

国外对 RFID 系统性能测试理论的研究主要集中在链路功率与天线性能方面，对多标签系统的研究也取得了一定成果。2003 年，Kim 等采用发射接收天线分离的方法证明了双向链路路径损耗指数为单向链路的两倍[23]。随后，Dobkin 和 Weigand 与 Aroor 和 Deavours 对符合不同标准的标签在靠近金属或水时的性能进行测试，并得出了不同编码参数对 RFID 系统性能的影响[24, 25]。2006 年，Nikitin 和 Rao 讨论了标签的灵敏度、极化方式、增益损耗、读写器灵敏度等参数对读写范围的影响[26]。2011 年，Fritz 和 Beroulle 提出了一种实时测试 RFID 通信误码率进行的方法[27]。

在 RFID 系统测试方案设计方面，NI 公司提出了两个典型的测试方案：一是基于矢量信号发生器（PXI-56000）、矢量信号分析仪（PXI-5660）的测试方案；二是基于上下变频模块（PXI-5610、PXI-5600）及 FPGA 板卡（5640R）的测试方案，该方案特别针对 ISO/IEC 18000-6 及 EPC C1G2 标准中轮询时间短这一特点而设计，可进行协议一致性测试及多域分析，但其他 RFID 系统性能测试涉及得较少。安捷伦公司开发了基于频谱分析仪（PSA 系列）、矢量信号分析仪（89600 系列）、相关测试软件包的 RFID 综合测试系统。泰克公司克服了传统频谱分析仪无法准确捕捉并描绘瞬时射频信号的局限性，提出了由任意信号发生器及实时频谱分析仪组成的系统测试方案，可以对瞬时射频信号进行局部优化，也可在复杂频谱环境下发出特定频谱事件。但是，以上两种解决方案都没有考虑标签与读写器之间的"握手"过程，如果需要测试 RFID 系统的实时"握手"，则需要添加额外的设备[28, 29]。

随着 RFID 技术的发展与成熟，它的应用也为中国带来了巨大的挑战和商机，相关的研究工作也进展顺利，从芯片的封装、设计、生产，天线设计与制造，读写器开发，通信协议到 RFID 产品在供应链的应用等，多个领域皆有涉足。

同国外的 RFID 测试技术研究相比，国内关于 RFID 测试技术的研究相对较少，由于 RFID 测试设备昂贵、投入周期长以及测试工程繁冗等原因，多项研究成果都主要集中在针对 RFID 产品的性能分析等方面，一般局限于单因素条件下的研究，对于多因素复杂环境的研究很少[30]，且集中在识别距离、误码率的测试，及读写器、标签的具体电路设计等方面，针对整个 RFID 系统性能测试方面的研究相对而言也较为有限[31]。2009 年，中国科学院自动化研究所等单位对 RFID 的测试标准与技术进行了研究，建立了 RFID 测试实验室[32]，曹小华等研究了金属集装箱壳、棱角等对射频信号反射、衍射等对链路的影响[33]。

除此以外，我国也开始着手建立自己的 RFID 测试中心，其中包括中国电子科技集团公司第十五研究所、国家射频识别产品质检中心、中国科学院自动化研究所的 RFID 研究中心、复旦大学的 Auto-ID 中国实验室、台湾省新竹的亚太 RFID 应用验测中心以及相关行业公司的演示中心等，这些科研机构及测试中心均针对 RFID 测试技术方面进行了大量的研究。

当前国内 RFID 设备测试主要进行一些简单的射频指标测试，概括地说，RFID 的测试需求主要有三个方面：一是 RFID 射频测试需求。其中 UHF 频段的 RFID 射频测试根据我国《800/900MHz 频段射频识别（RFID）技术应用规定（试行）》，其测试项目为发射功率、邻道功率泄漏比、占用带宽、载波频率容限、最大驻留时间和杂散发射等[34]。另外，根据 EPCglobal 标准 Version1.0.2 的相关规定，测试项目还包括射频包络、射频开关时间、前同步码、帧同步信息和读写器数据编码等。二是 RFID 协议测试需求。作为无线通信的双方，标签和读写器之间必须遵守既定的通信协议，否则通信将无法正常进行。RFID 协议测试主要针对 RFID 空中接口，实际上就是读写器和标签之间的无线传输规范，包括媒质接入（控制和物理层）、无线链路控制、无线资源管理等。三是 RFID 性能测试需求。RFID 系统性能的优劣将直接影响系统客户的满意度，以及应用场景的成本投入和 RFID 设备的部署。根据测试标准 ISO/IEC 18046-1/2/3 规定，对 RFID 系统进行性能评估可分为读写器性能测试、标签性能测试和系统整体性能测试这三个方面。中国科学院自动化研究所 RFID 研究中心承担的国家"十一五" 863 计划先进制造技术领域重大项目课题 "射频识别基础测试技术研究及测试系统的开发" 在前期研究成果的基础上，采用 "以直代曲" 的思想，提出了在高速运动状态下的电子标签的 RFID 应用系统性能基准测试系统及方法。复旦大学的 Auto-ID 中国实验室建立的 RFID 开放平台可对实际应用案例进行基础研究及理论分析，并为我国 RFID 标准及国际 EPC 标准的建立提供有效的参考。

从全球 RFID 系统测试技术的发展动向来看，RFID 系统测试技术将从功能测试向性能测试转变。针对标签的性能测试项目有一致性、物理特性、环境适应性、材料特性、贴附强度、读取距离、读取角度、动态读取率、调制深度、可靠性、使用寿命等；针对读写器的性能测试项目有覆盖范围、标签适应性、环境适应性、EMS 辐射敏感度、工作温度、可靠性、EMC 无线电干扰、安全、噪声、电源适应能力、外观结构、抗干扰特性、协议符合性、发射频谱、发射功率、覆盖范围、使用寿命等；而针对整体系统的性能测试项目则包括读写器空间布局的合理性、特殊环境下系统性能、系统动态性能、系统可靠性和安全性等。国际市场对 RFID 的测试需求日益强烈，各大 IT 和物流巨头都先后投入到 RFID 系统测试解决方案的研发中来。美国 UPS 联合包装服务公司开展了多项 RFID 测试研究，其结果显示，将 RFID 标签贴附在不规则形状的包装箱上，可以在一定程度上提高读取速率。Sun 公司对软硬件及服务进行整合，在此基础上提出了一个多层次的 Sun EPC 网络架构，并以此在世界各地部署了数个测试中心。以上研究成果一方面推动了 RFID 测试技术进一步发展；另一方面，在服务广大厂商和用户的同时，为了提高不同厂商产品之间的兼容性和通用性，势必会趋向于建立一个产品规范，从而有利于在行业间形成统一的、权威的 RFID 测试国际标准。

纵观国内外 RFID 测试技术的研究进展和发展趋势，我们可以看到，国外在 RFID 标准建立、软硬件研发及产品应用领域均处于领先地位，美国尤为先进，欧洲次之，日韩也紧随其后。与欧美、日韩这些发达地区相比，我国的 RFID 产业起步较晚，发展相对滞后，但是在低高频领域和 RFID 综合测试平台建设方面独具特色，其技术应用日趋成熟；但超高频领域的研究几乎处于空白阶段，关键核心技术严重欠缺，与欧美发达国家在技术水平方面存在很大的差距，有待进一步深入研究发展，突破关键技术壁垒。

1.4.3　RFID 系统动态测试的流程

在 RFID 测试技术中，对 RFID 系统测试流程的研究是最为重要的部分之一，根据国内外的最新研究成果，可以总结出测试流程的总体结构图如图 1.20 所示。

由图 1.20 可以看出，RFID 系统测试流程首先分别针对单品级、托盘级、包装级进行测试。在测试的过程中，再进一步展开不同阅读模式下的测试。实际物流管理应用场景中，端口阅读模式是一种最普遍、最有效的阅读模式，因此，测试中对端口阅读模式进行了更为细致的划分。首先，阅读模式可以分为静态和动态的阅读测试，其次，动态阅读模式又可分为匀速方式和速度可调的传送带方式这两种不同的情况。

在常规的测试中，一般采用静态测试对标签进行读取，但在实际应用及科研工作中，需要对标签进行动态实时测量，三种物联网环境下 RFID 动态性能测试典型场景的具体测试流程如下：

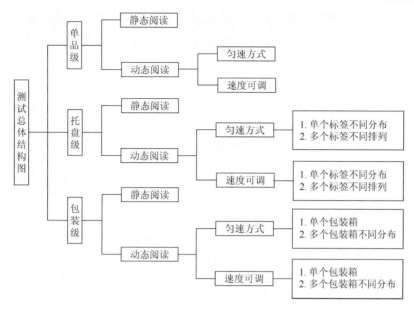

图 1.20　RFID 测试总体结构图

1）单品级（item level）识别

针对单品级识别的货品排列形式共有三种：均匀货品排列、复合货品排列、异质货品排列。这三种不同的货品排列在形式上互补，在复杂度上呈现递增趋势。

单品级识别的测试流程是在包装箱内的每个单品上都贴附一个具有唯一编码的 RFID 标签，再用读写器识别各个贴有标签的单品。其识读率的定义与前者相似，为可识别的单品数量占所有单品数量的百分比。在三种阅读模式中，分别通过测量单品的识读率来衡量系统性能。值得注意的是，在测试过程中，使用不同包装和材料的单品，改变标签放置的相对位置，观测相应读写器性能的变化。

2）托盘级（pallet level）测试

在每个托盘上分别贴附一个具有唯一编码的 RFID 标签，再用读写器识别各个贴有标签的托盘。其中需要特别说明的是，在端口阅读模式中，静态阅读方式指的是将端口天线固定，由远及近地调整托盘到端口之间的距离，当到达某一个位置，端口天线可以识别出 RFID 标签时，端口天线到托盘之间的距离即为此端口天线的阅读距离（read range）；而动态阅读方式指的是将端口天线固定，托盘以人工步行速度或传送带的可调节速度通过端口时，测试该端口天线对托盘的识别性能，测试内容包括 RFID 标签是否可读以及标签识读范围。

3）包装级（case level）识别

包装级识别可以分为单个包装箱识别和多个包装箱识别两种情形。

单个包装箱识别的流程是：在每个包装箱上分别贴附一个具有唯一编码的

RFID 标签，并将其置于托盘之上，再用读写器识别各个贴有标签的包装箱。单个包装级识别的三种阅读模式与托盘级识别的完全相同。

　　多个包装箱识别的流程与单个包装箱识别基本相同，除此以外，还引入了识读率的概念。识读率指的是可识别的包装箱数量占所有包装箱数量的百分比。在多个包装箱识别的三种阅读模式中，都通过测量包装箱的识读率来衡量系统性能。需要特别强调的是，在每种阅读模式下，都要注意通过改变调整各个包装箱与标签的相对位置来观测系统性能参数的变化，如图 1.21 所示的各种情况：图 1.21（a）为标签同向排列示意图，图 1.21（b）为标签两向排列示意图，图 1.21（c）为标签相邻排列示意图。图 1.21（a）与图 1.21（b）相比，各个标签到托盘边沿的平均距离较远，而图 1.21（c）中，相邻包装箱上的标签也相邻。与托盘级测试相同，在多个包装箱识别测试的端口阅读模式中，静态阅读方式也是将端口天线固定，由远及近地调整托盘到端口之间的距离，当到达某一个位置，端口天线对 RFID 标签有 100% 识读率，此时端口天线与托盘之间的距离即为端口天线阅读距离。

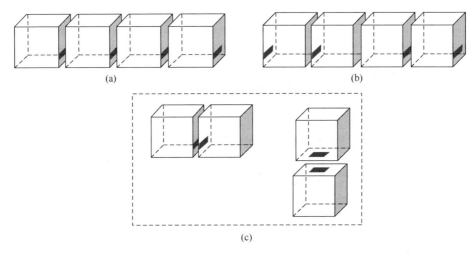

图 1.21　标签排列示意图

1.4.4　RFID 系统动态测试方法与实现

　　在实际应用中，应用环境中的温度变化、各种噪声、电子标签所附物体介质（如金属）等对标签读取率的影响以及所引起的 RFID 读写设备故障等，很大程度上影响了 RFID 技术的大规模应用。初步研究发现，随着干扰功率的增大，特别是干扰功率比较大的时候，误码率会随着信噪比的减小而急剧上升。在工程实践中，可通过增加天线的增益、改善天线的方向图或减小读写器主板内部的白噪声以达到提高信噪比的目的，从而改善低信噪比条件下 RFID 系统的防碰撞性能。但是，目前国内关于 RFID 系统的动态测试主要还是模拟实际物联网环境（如物流分拣环节、车辆运行、进出库等），这样的测试不仅在场地占用、操作性、费用等方面困难较大，而且需要对实际环境中的标签信号、干扰信号、射频反射、环境噪声等进行大量的预测试。因此，RFID 测试技术成为 RFID 技术研发和应用实施过程中的重要技术保障。RFID 测试技术的研究以及动态检测平台设计成为一个急需解决的问题。

铁路车号自动识别系统（automatic train identification system，ATIS）是指利用地面识别系统识别正在运行的列车上的电子标签，获得电子标签上记录的列车信息，然后将其传输给后台计算机处理系统，从而达到实时跟踪与管理列车的目的。铁路车号自动识别系统受到 RFID 系统通信质量、标签性能、列车运行速度、周边电磁环境等的影响。目前，学者的研究主要集中在相位、运行速度等对识别率的影响上，并将此影响加入到 ATIS 的硬件系统中以提高识别率。理论上，对车号的识别准确率达到了 99%，基本实现了跟踪与管理。图 1.22 展示了 ATIS 系统的设计思路与部署实例[35, 36]。

图 1.22　ATIS 系统原理与部署

邮政分拣系统将 RFID 技术用于邮件处理中心，实现邮件的自动分拣，有效解决了速递包裹在交接和分拣等生产环节中长期存在的生产效率低、劳动强度大和识别率低等问题。当附有电子标签的邮袋经过 RFID 读取区时，天线会读取标签上带有的信息，并将信息传递到主要的控制系统，完成邮件的分拣。若过程中出现分拣错误时，输送带指示灯会报错并将邮袋导入正确的输送带上。整个过程在高速传送状态下完成自动读取，不需要人为监视。研究人员通过对邮件分拣的测试，发现装卸车识别率为 99.4%，分拣识别率为 100%，完全适用于邮件处理中心的工作环境。图 1.23 展示了伯曼（BEUMER）集团制造的基于 RFID 技术的邮政自动分拣系统[37, 38]。

图 1.23　基于 RFID 技术的邮政自动分拣系统

摘自 RFID 期刊网站 http://www.rfidjournal.com/articles/view?2945 和伯曼集团网站 https://www.beumergroup.com/cn/products/airport-baggage-handling-systems/high-speed-transportation-systems

生产流水线　RFID 技术主要用于生产环节中实现对物流数据自动、及时和准确的采集，一方面实现了物流与信息流之间真正的无缝集成；另一方面，在对所采集的数据进行分析与处理后，可实现对物流及相关业务更精细化的管理和控制，有利于减少实际与计划之间的偏差。图 1.24 展示了利用 RFID 技术的自动化流水线，采用 RFID 技术对装配件进行自动化识别、分拣能够减少工人的工作负担，减少人员使用。

图 1.24　利用 RFID 技术的自动化流水线

摘自中国教育装备采购网 http://www.caigou.com.cn/Company/Detail/153160.shtml 和南方都市报网站 http://www.oeeee.com/nis/201507/23/373008.html

在依据不同场合和实际环境的需求搭建 RFID 软硬件动态测试平台时，主要围绕以下两个关键技术问题开展测试：

1）RFID 基本通信性能测试

目前，RFID 基本通信性能测试大致可分为三类：标签和读写器的物理特性测试、空中接口一致性测试、RFID 系统互操作性测试。因为不同的调制解调、编码解码方法、频段适用于不同的环境，所以在建立测试体系时，要依据实际环境选择合适的方法和频段，建立我们所需的测试体系。而且，建立的测试体系不应该只适用于单独的产品，而应该面对同类产品的基本通信功能。

对于标签，应该在电源适应能力、噪声、安全、电磁兼容、环境适应性和可靠性等方面进行全方位测试，得出其主要指标，如频率响应和品质因数 Q。对于读写器，应该对其电路、输出功率、频谱、调制解调、空中接口等方面进行测试并得出结论。最后，对于标签和读写器进行互操作性测试，以确保 RFID 系统的兼容性。

2）RFID 应用系统动态测试

动态仿真测试技术的研究就是用来仿真 RFID 系统在实际应用环境中各种因素影响下的实际性能，因此，实际应用环境各种影响因素的建模是仿真测试技术中的关键一环。在实际应用环境中，必须全面考虑信号、噪声、电磁兼容及不同的运动速度、标签数量、读写速度等对于 RFID 系统稳定性及实用性的影响。

目前，国内关于 RFID 系统的动态测试主要还是模拟实际物联网环境，这样的测试不仅在场地占用、操作性、费用等方面困难较大，而且需要对实际环境中的标签信号、干扰信号、射频反射、环境噪声等进行大量的预测试。

为使检测方便实用，本书提出一种半物理仿真验证平台，一方面搭建模拟物联网实际使用环境的硬件检测平台；另一方面可以通过计算机仿真（软件）给系统施加背景噪声、电路干扰、电磁干扰等信号，检测 RFID 系统在各种复杂外部干扰下的实际防碰撞性能，并结合理论模型完成对 RFID 系统通信可靠性的全面评估。其关键技术在于利用射频、信号处理、控制、软件等技术手段产生仿真信号和各种干扰源；用信号模拟的方式来构造测试环境；通过对典型信号、干扰信号分别建模，利用软件和硬件控制，产生典型的测试信号，完成对物联网实际使用环境的模拟。

以国家射频识别产品质检中心（江苏）和江苏省科技厅"江苏省射频识别技术公共服务平台"为依托，江苏省标准化研究院联合南京理工大学、南京航空航天大学研究人员，开展了"低信噪比条件下 RFID 通信性能测试方法"、"物联网环境下 RFID 标签防碰撞性能检测及半物理实验验证研究"等课题研究，在多标签环境和有噪声干扰的低信噪比条件下，研究如何确定接收信号的调制方式、频偏和其他信号参数的检测手段，从而为信号分析和开展 RFID 通信性能检测提供依据。此外，研究人员还提出一种半物理仿真验证平台，主要用于对物联网环境下 RFID 主要通信性能参数（识别率、误码率、识别距离等）进行检测。该平台分为硬件检测平台和仿真软件两部分，初步设计的小型硬件检测平台主要用于演示和模拟物流分拣环境下的 RFID 通信过程，并为防碰撞算法研究提供依据。该平台主体结构为 2 个环形输送线直段（每个长 2m）和 2 个 180°转弯段，工作高度 750mm，转弯段转弯半径 500mm；采用塑料平顶链输送物料，宽度 85mm；承载 20kg/m；速度可以在 5～25m/min 范围内变频调速；动力装置采用台湾省产优质减速电机；输送线周边设 2 个天线架、1 个电控柜和 1 个急停开关。该检测平台 CAD 设计图如图 1.25 所示。

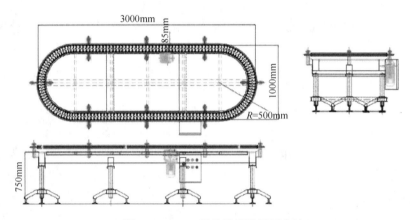

图 1.25　RFID 通信性能检测平台

图 1.26 中左、右两部分从两个角度用实心线和方块表示了在检测平台中测量天线的位置，这里采用了按正方形布置的四天线检测区，中间为贴标签物品传输通道，这样更便于识别和捕获从不同角度标签发出的射频信号。

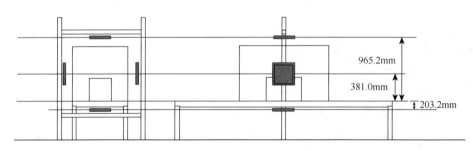

图 1.26　RFID 通信性能检测平台中的测量天线

图 1.27 为检测流程示意图。该检测流程依据国际上最新的 EPCglobal 标准进行设计，依次检测标签贴于物品不同位置后通过读写器天线（检测区）的一系列通信性能参数（识别率、误码率、识别距离等），以求能获得最大防碰撞性能的最佳标签粘贴位置和数量。

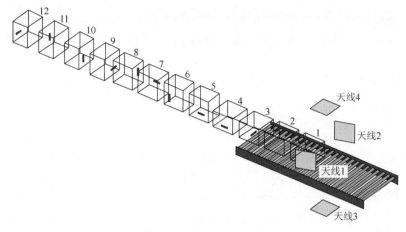

图 1.27　检测流程示意图

　　半物理仿真验证平台的仿真软件主要用于定量模拟实际物联网环境中的各种干扰噪声（多标签、多读写器、金属反射、电磁干扰等），即采用信号模拟的方式半物理地构造测试环境，并将基于软件生成的信号接入信号发生器，通过射频电缆连到读写器上，定量检测 RFID 系统的防碰撞能力。从图 1.28 可以看到，电子标签进入监测区域的信息检测仿真系统，二进制信源经编码调制后经过信道，在信道中有因各种影响因素（介质、电磁环境、速度等）产生的噪声，然后经过解调、解码得到信息，再与信源作比较即可得出误码率。在此过程中，可以用小波分析等方法去噪，再对去噪后的信号进行调整，可大大降低系统误码率。

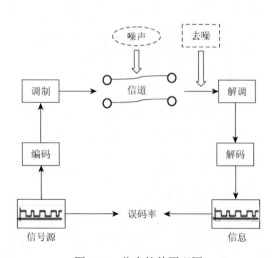

图 1.28　仿真软件原理图

　　图 1.29 为一个典型 RFID 通信系统中加入噪声以及去噪后的信号图。这里取

一组随机 RFID 信号序列"1010100110"，采用差动双向编码，经过 FSK 调制和加噪处理，后经滤波器去噪后重新获得 RFID 信号。这一仿真过程模拟了 RFID 通信系统的加噪和去噪信号处理，若随机加噪信号是 RFID 读写器通过 RFID 标签真实获取的，则经过该软件系统，就能有效评估 RFID 系统的防碰撞性能。换言之，图 1.28 所示的仿真软件与图 1.25 所示的 RFID 通信性能检测平台相结合，就能实现 RFID 系统防碰撞能力的定量检测。

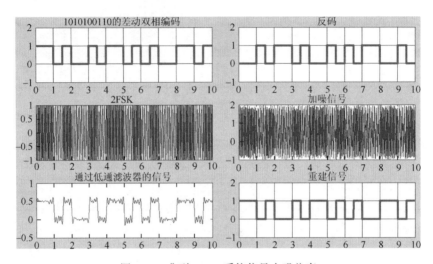

图 1.29　典型 RFID 系统信号去噪仿真

1.5　本　章　小　结

本章是对整个 RFID 系统、物联网技术的综合性介绍。

本章从历史出发，回顾了从第二次世界大战开始对射频识别技术的利用及其发展过程。随着集成电路、软件技术的发展，物联网的概念随之诞生。物联网的提出，使得 RFID 技术得到更大发展空间。物联网以及 RFID 技术被称为发展下一代智慧工业、智慧城市的基石，蕴涵着巨大的市场价值。

RFID 技术发展之路并非坦途，在应用时仍存在一些问题。本章的 1.3 节就展开介绍了 RFID 在多标签识读时的碰撞问题，并分软件和物理两种思路给出了一些解决方法。部分方法在后文有详细叙述。

最后，本章的 1.4 节详细叙述了在应用 RFID 系统时用户最关切的问题，即系统的稳定性。对于任何系统，稳定性都是在现实应用时的关键问题，本章就此详细地介绍了 RFID 系统在部署时的性能检测方法。

第2章　低信噪比环境下超高频 RFID 系统建模与抗干扰研究

随着无线通信技术的发展，应高速率数据传输的要求，RFID 系统的工作频率正在向高频（3～30MHz）、超高频（800MHz～1GHz）和微波（＞1GHz）波段发展。随着工作频率的提高，RFID 系统可实现较高速率和远距离的数据传输，读写方向性更强。随着 RFID 系统在现代物流、智能交通、生产自动化等众多领域的应用，系统的通信环境也由简单近距离的室内通信向复杂远距离的都市通信发展，在读写器和电子标签之间的无线信号出现了由于建筑物和其他物体的反射、绕射、散射等引起的多径效应，因此，有必要展开对 RFID 系统在多径效应下的通信性能分析和抗干扰新技术研究。

目前，国内外关于 RFID 系统通信性能建模与仿真的研究主要针对高斯白噪声（additive white Gaussian noise，AWGN）信道。北京邮电大学林君勉提出，在 AWGN 信道下信号误码率随信噪比的增大逐渐减小，不同编码方式下误码率也稍有差别[39]；湖南大学周陈锋研究提出，ASK 调制信号在 AWGN 信道中的误码率随信噪比增大而降低[40]；北京邮电大学梁栋等研究后发现，在 AWGN 信道中，随着仿真结果精度的提高，仿真误码个数呈平方量级增长[41]。

针对 RFID 系统在瑞利衰落信道下的性能，Islam 等通过仿真得到导频符号辅助调制（pilot symbol assisted modulation，PSAM）是弥补信号在无线移动通信信道中衰落的一种很好的方法[42]；Morelos-Zaragoza 提出查表法可以降低 RFID 信号在瑞利信道中的误码率[43]。但这些研究都没有涉及或解决瑞利信道中误码率对信噪比的敏感度问题。

本章针对多径效应引起的瑞利衰落，以 A、B、C 类 RFID 标签为例进行系统建模，对射频信号在 AWGN 信道和瑞利衰落信道中的传输性能进行仿真，得出误码率与信噪比的关系曲线和相关结论，随后在瑞利信道中引入正交频分复用（orthogonal frequency division multiplexing，OFDM），以提高信号对信噪比的敏感度。本章研究对多径衰落环境下 RFID 系统抗干扰能力的提高提供了一种新思路。

2.1　RFID 系统典型信号参数建模和通信系统仿真研究

2.1.1　室内传播模型

室内信道有两个主要特征：覆盖距离小，环境变动大。建筑物内传播受到诸如建筑物布置、材料结构和建筑物类型等因素的强烈影响，室内无线传播的机理仍然是反射、绕射和散射，但条件不同。例如，信号电平很大程度上依赖于建筑物内门的开关。天线安装在何处也影响大尺度传播；同样，较小的传播距离也使天线的远场条件难以满足。

一般来说，室内信道分为视距（LOS）和阻挡（OBS）两种，并随着环境杂乱程度不同而变化。下面列出适用的一些主要模型[44]。

1）分隔损耗（同楼层）

建筑物具有大量的分隔和阻挡。家用房屋中使用木框与石灰板分隔构成内墙，楼层间为木质或非强化混凝土。此外，办公室建筑通常有较大的面积，使用可移动的分隔以使空间容易划分。楼层间使用金属加强混凝土作为建筑物结构的一部分的分隔，称为硬分隔；可移动的并且未延展到天花板的分隔称为软分隔。分隔的物理和电特性变化范围非常广泛，应用通用模型于特定室内是非常困难的。表 2.1 是不同分隔的损耗数据。

表 2.1　通用建筑中的无线路径的平均信号损耗

材料类型	损耗/dB	频率/MHz	材料类型	损耗/dB	频率/MHz
所有金属	26	815	轻质织物	3～5	1300
铝框	20.4	815	金属楼层	5	1300
混凝土墙	3.9	815	天花板管道	1～8	1300
一层的损耗	20～30	1300	混凝土墙	8～15	1300
走廊的拐角损耗	10～15	1300	混凝土地板	10	1300

2）楼层间分隔损耗

建筑物楼层间损耗由建筑物外部面积和材料以及建筑物类型决定。表 2.2 列出了不同建筑物的路径损耗指数和标准偏差。由实际经验，建筑物一层的衰减比其他层数的衰减要大很多，在 5、6 层以上，只有非常小的路径损耗。

表 2.2　不同建筑物的路径损耗指数 n 和标准偏差 X_σ

建筑物	频率/MHz	n	X_σ/dB	建筑物	频率/MHz	n	X_σ/dB
零售商店	914	2.2	8.7	蔬菜店	914	1.8	5.2
办公室，硬分隔	1500	3.0	7.0	金属	1300	1.6	5.8
办公室，软分隔	900	2.4	9.6	纸张/谷物	1300	1.8	6.0
办公室，软分隔	1900	2.6	14.1	金属	1300	3.3	6.8

3）对数距离路径损耗模型

研究表明，室内路径损耗遵从

$$PL(\text{dB}) = PL(d_0) + 10n \lg \frac{d}{d_0} + X_\sigma \qquad (2.1)$$

式中，d_0 表示参考距离；d 表示接收端和发射端之间的距离；损耗指数 n 依赖于周围环境和建筑物类型，范围在 1.6～6；X_σ 表示标准偏差为 σ 的正态随机变量。表 2.2 提供了不同建筑物的典型值。这个模型简单有效，适合于用计算机实现，但这个模型不可能获得很高的精度。

4）Ericsson 多重断点模型

通过测试多层办公室建筑，获得了 Ericsson 无线系统模型。模型有 4 个断点并考虑了路径损耗的上、下边界。模型假定 $d_0 = 1\text{m}$ 处衰减为 30dB，这对于频率 $f = 900\text{MHz}$ 的单位增益天线是准确的。Ericsson 模型提供特定地形路径损耗范围的确定限度。

5）衰减因子模型

建筑物内传播模型包括建筑物类型影响以及 Seidel 描述的阻挡物引起的变化。这一模型灵活性很强，预测路径损耗与测量值的标准偏差为 4dB，而对数距离模型的偏差达 13dB。

衰减因子模型为

$$\overline{PL}(d)(\text{dB}) = \overline{PL}(d_0)(\text{dB}) + 10n_{\text{SF}} \lg\left(\frac{d}{d_0}\right) + FAF(\text{dB}) \qquad (2.2)$$

式中，n_{SF} 表示同层测试的指数值。如果同层存在很好的估计值，则不同层路径损耗可通过附加楼层衰减因子 FAF 值获得。

在实际工作中，由于这些模型都是针对某些环境得出的，因此预测值的误差可能很大，需要进行调整。传播模型的建立过程也就是校正过程。

2.1.2　自由空间传播模型

自由空间传输模型用于预测读写器与标签之间是完全无阻挡的视距路径时的接收信号场强。与大多数大尺寸无线电波的传输模型类似，自由空间传输模型用于预测接收功率的衰减为 T-R 距离的函数。自由空间中距发射机处天线的接收功率，由 Friis 公式给出

$$P_r(d) = \frac{P_t G_t G_r \lambda^2}{(4\pi)^2 d^2 L} \qquad (2.3)$$

式中，P_t 为发射功率；P_r 是接收功率，为 T-R 距离的函数；G_t 是发射天线增益；G_r 是接收天线增益；d 是 T-R 间距离，单位为 m；L 是与传播无关的系统损耗因子；λ 为波长，单位为 m。天线增益与它的有效截面相关，即

$$G = \frac{4\pi A_e}{\lambda^2} \qquad (2.4)$$

有效截面 A_e 与天线的物理尺寸相关，λ 则与载频相关

$$\lambda = \frac{c}{f} = \frac{2\pi c}{\omega} \tag{2.5}$$

式中，f 为载频，单位为 Hz；ω 为载频，单位为 rad/s；c 为光速，单位为 m/s。P_t 和 P_r 必须具有相同的单位。综合损耗 L（$L \geqslant 1$）通常归因于传输线衰减、滤波损耗和天线损耗，$L = 1$ 则表明系统硬件中无损耗。

由式（2.3）可知，接收机功率随 T-R 距离的平方衰减，即接收功率衰减与距离的关系为 20dB/10 倍程。

各方向具有相同单位增益的理想全向天线通常作为无线通信系统的参考天线。有效全向发射功率（EIRP）定义为

$$EIRP = P_t G_t \tag{2.6}$$

表示同全向天线相比，可由发射机获得的在最大天线增益方向上的最大发射功率。

实际上用有效发射功率（ERP）代替 EIRP 来表示同半波偶极子天线相比的最大发射功率。由于偶极子天线具有 1.64 的增益（比全向天线高 2.15dB），因此对同一传输系统，ERP 比 EIRP 低 2.15dB。实际上，天线增益以 dBi 为单位（与全向天线相比的 dB 增益）或以 dBd 为单位（与半波偶极子天线相比的 dB 增益）。

路径损耗，表示信号衰减，单位为 dB 的正值，定义为有效发射功率和接收功率之间的差值，可以包括也可以不包括天线增益。当包括天线增益时，自由空间路径损耗为

$$PL(\text{dB}) = 10\lg\frac{P_t}{P_r} = -10\lg\frac{G_t G_r \lambda^2}{(4\pi)^2 d^2} \tag{2.7}$$

当不包括天线增益时，设定天线具有单位增益。其路径损耗为

$$PL(\text{dB}) = 10\lg\frac{P_t}{P_r} = -10\lg\frac{\lambda^2}{(4\pi)^2 d^2} \tag{2.8}$$

Friis 自由空间模型仅当 d 为发射天线远场值时适用。天线的远场或 Fraunhofer 区定义为超过远场距离 d_f 的地区，d_f 与发射天线截面的最大线性尺寸和载波波长有关。Fraunhofer 距离为

$$d_f = 2D^2 / \lambda \tag{2.9}$$

式中，D 为天线的最大物理线性尺寸。此外，对于远场地区，必须满足 d_f 远大于 D 和 d_f 远大于 λ。

显而易见，公式（2.1）不包括 $d = 0$ 的情况。为此，大尺度传播模型使用近地距离 d_0 作为接收功率的参考点。当 $d > d_0$ 时，接收功率 $P_r(d)$ 与 d_0 的 P_r 相关。$P_r(d)$ 可由公式（2.3）预测或由测量的平均值得到。参考距离必须选择在远场区，即 d_0 远大于 d_f，同时 d_0 小于移动通信系统中所用的实际距离。这样，使用公式（2.3），当距离大于 d_0 时，自由空间中接收功率为

$$P_r(d) = P_r(d_0)\left(\frac{d_0}{d}\right)^2 \qquad (d \geqslant d_0 \geqslant d_f) \qquad (2.10)$$

在移动无线系统中，经常发现在几平方千米的典型覆盖区内，要发生几个数量级的变化。因为接收电平的动态范围非常大，经常以 dBm 或 dBW 为单位来表示接收电平。公式（2.8）可以表示成以 dBm 或 dBW 为单位，公式两边均乘以 10 即可。例如，如果 P_r 单位为 dBm，接收功率为

$$P_r(d)(\text{dBm}) = 10\lg\frac{P_r(d_0)}{0.001} + 20\lg\left(\frac{d_0}{d}\right)^2 \qquad (d \geqslant d_0 \geqslant d_f) \qquad (2.11)$$

式中，$P_r(d_0)$ 单位为瓦。

在实际使用低增益天线、1～2GHz 地区的系统中，参考距离 d_0 在室内环境典型值取为 1m，室外环境取为 100m 或 1km，这样式（2.10）和式（2.11）中的分子就为 10 的倍数，这就使得以 dB 为单位的路径损耗的计算变得很容易。

2.1.3　RFID 网络模型

引入读写器和标签之间的相互作用的网络模型[45]，如图 2.1 所示。

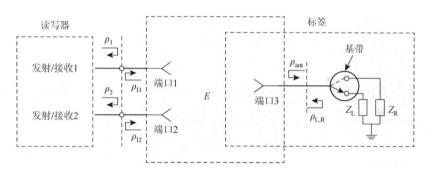

图 2.1　阅读器和标签信号的网络模型

S 参数网络 E 包含了读写器端口和标签芯片之间的所有传播效应，如电缆、天线和传播影响。端口 1 和端口 2 是同单站或双站读写器联在一起的，端口 3 是标签芯片和天线之间的接口。读写器传输信号到端口 1 和 2，这里假设端口 1 和端口 2 之间是独立的。

根据均方根电压波的向量 V，入射波和反射波可以描述为 $a,b = V / Z_0^{1/2}$。假设标准阻抗 Z_0 在每个端口是相同的。将反射系数加入到阻抗 Z 中可以得到 $\rho = (Z_0 - Z) / (Z_0 + Z)$。

1）前向链路模型

现实中非线性的阻抗 Z_L 和 Z_R 随着功率和反馈阻抗而变化，大部分情况下，

在载波和谐波中必须考虑反馈阻抗 Z_{ant}。如果要避免超出带宽的反射，在芯片中谐波被过滤输出，这时可以忽略谐波。因此，对于载波频率，我们采用"大信号"网络参数。这也就需要在操作点使用大的能量值。

读写器有效的传输功率与端口 1 或 2 的 S 参数有关[46]

$$\left|a_{1,2}\right|^2 = P_{tx}(1 - \left|\rho_{I1,I2}\right|^2) \tag{2.12}$$

同样，标签天线的有效功率 P_{ant} 与进入天线的电磁波 b_3 有关

$$\left|b_3\right|^2 = P_{ant}(1 - \left|\rho_{ant}\right|^2) \tag{2.13}$$

在读写器完美匹配或 E 网络透射系数很小的情况下，$\rho_{ant} \approx E_{33}$，因此 P_{tx} 和 P_{ant} 与 $E_{31} = b_3 / a_1$ 或 $E_{32} = b_3 / a_2$ 有关

$$\frac{P_{ant}}{P_{tx}} = \left|E_{31,32}\right| \frac{1 - \left|\rho_{I1,I2}\right|^2}{1 - \left|\rho_{ant}\right|^2} \tag{2.14}$$

最先进的商业标签芯片的灵敏度（用于接通发射的最小峰值功率）$P_{L0} = -15\text{dBm}$（换算为 0.03mW），远高于本底噪声，因此限制链路的是功率而不是 SNR。我们可以定义一个适用于标签天线的功率 P_{ant0}，也就是标签负载的接通阈值。任何 P_{ant} 都可以用 $P_{ant} = \overline{p}P_{ant0}$ 表示。这可以解释为"能够接通的功率水平"，如果表示为分贝，也就是"接通分贝"。

因此，能够通过读写器探测后向散射能量 P_{bs} 来探测标签是否已经接通

$$P_{bs} = 0, \quad P_{tx} < P_{tx0} \tag{2.15}$$

这里 P_{tx0} 是接通的最小功率。因为式（2.14）右边的部分是线性的，所以它们是独立的操作点：$P_{ant} / P_{tx} = P_{ant0} / P_{tx0}$，由此得到

$$\overline{p} = P_{tx} / P_{tx0} = P_{ant} / P_{ant0} \tag{2.16}$$

这个概念在 ISO 18047-6 中被采用，规定在 $\overline{p} = 120\%(0.8\text{dB})$ 时测量 σ_Δ 的值。

2）后向散射模型

在标签响应阶段，时变传输波 $b_{1,2}(t)$（端口 1 或 2）被反射回读写器，这相当于调制的标签响应的分析信号。对于 BPSK 标签信号，根据被 $\Delta b_{1,2}$ 分离的两个状态之间的瞬时转换，可以把 $b_{1,2}(t)$ 理想化。

因此，假设读写器天线反射系数 $\rho_{1,2}$ 是恒量，传输到读写器的调制功率

$$P_{bs} = \frac{1}{4} \cdot \frac{\left|\Delta b_{1,2}\right|^2}{1 - \left|\rho_{1,2}\right|^2} \tag{2.17}$$

$b_{1,2}(t)$ 的快速转换包含了宽的谐波量，因此这种假设对于实际的天线肯定会造成错误。但如果天线低色散，而且 $\left|\rho_{1,2}\right|$ 在宽带上是平坦的（相当于标签响应功率

谱的大部分功率），那这种错误是可以忽略的。

当被稳定的 $a_{1,2}$ 激活后，单站读写器操作相当于探测反射系数的变化，$\Delta\rho_{bs} = b_{1,2}/a_{1,2}$。在端口 $1^{[47]}$

$$\Delta\rho_{bs} = E_{31}E_{13}\frac{\rho_R - \rho_L}{(1-\rho_{ant}\rho_L)(1-\rho_{ant}\rho_R)} \tag{2.18}$$

式中，ρ_L 为功率采集整流负载时的 S 参数；ρ_R 为反射调制负载时的 S 参数。

式（2.18）左边部分与传播和散射能量有关

$$\left|\Delta\rho_{bs}\right|^2 = \left|\frac{\Delta b_1}{a_1}\right|^2 = 4\frac{P_{bs}}{P_{tx}}\cdot\frac{\eta_{rx}}{\eta_{tx}} \tag{2.19}$$

其中，读写器接收匹配系数

$$\eta_{rx} = \frac{1-\left|\rho_1\right|^2}{1-\left|\rho_1\rho_{I1}\right|^2} \tag{2.20}$$

对于好的匹配系统 η_{tx}，η_{rx} 接近 0dB。

式（2.17）右边类似于调制效率

$$\eta_{mod} = \frac{(1-\left|\rho_{ant}\right|^2)^2\left|\rho_R-\rho_L\right|^2}{(1-\rho_{ant}\rho_L)^2\left|1-\rho_{ant}\rho_R\right|^2} = \frac{4\mathrm{Re}\{z_{ant}\}^2\left|Z_R-Z_R\right|^2}{\left|Z_{ant}+Z_R\right|^2\left|Z_{ant}+Z_L\right|^2} \tag{2.21}$$

对于 $\rho_{L,R}$，调制效率有一个边界条件：$0\leqslant\eta_{mod}\leqslant(1+\sqrt{1-\eta_L})^2$。

将式（2.16）、式（2.19）和式（2.21）代入式（2.17）得到

$$\frac{P_{bs}}{P_{tx}}\cdot\frac{\eta_{rx}}{\eta_{tx}} = \frac{\bar{p}^2}{4}\left(\frac{1-\left|\rho_{ant}\right|^2}{\eta_{tx}\eta_{L0}}\cdot\frac{P_{L0}}{P_{tx}}\right)^2\frac{\eta_{mod}}{(1-\left|\rho_{ant}\right|^2)^2} \tag{2.22}$$

最后，我们定义品质因数 B

$$B(\eta_{L0}, P_{L0}, \eta_{bs}) = P_{tx0}P_{bs}\eta_{rx}\eta_{tx} = \bar{p}^2\left(\frac{P_{L0}}{\eta_{L0}}\right)^2\frac{\eta_{mod}}{4} \tag{2.23}$$

为了使这些参数具有独立性，B 必须独立于既定频率和 $\bar{p}^{[48,\,49]}$。

2.1.4　RFID 标签通信建模

ISO/IEC 18000-6 是由 ISO/IEC JTC1 联合技术委员会（信息技术）的 SC31（自动识别和数据获取技术）分技术委员会制定的。ISO/IEC 18000-6 标准规定了 860～930MHz A 类和 B 类两类短程通信空间接口的参数。A 类短程通信的前向链路采用脉冲间隔编码（PIE）与自适应的 ALOHA 冲突仲裁算法。B 类短程通信的前向链路采用曼彻斯特码和自适应的 BTree（Binary Tree）冲突仲裁算法。

图 2.2～图 2.4 分别表示读写器和 A 类、B 类识别卡的结构；表 2.3 对两类短

程通信方式作了比较。

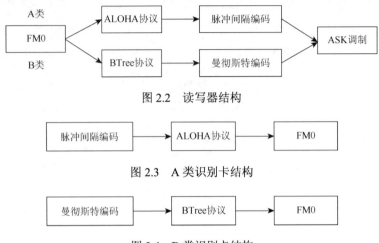

图 2.2　读写器结构

图 2.3　A 类识别卡结构

图 2.4　B 类识别卡结构

表 2.3　A 类和 B 类两种短程通信方式的比较

参数	A 类	B 类
前向链路编码	脉冲间隔编码（PIE）	曼彻斯特编码
调制指数	27%至 100%	18%或 100%
数据速率	33kbit/s（平均值）	10kbit/s 或 40kbit/s（依据当地无线电规定）
反向链路编码	FM0	FM0
识别卡唯一识别号	ALOHA	BTree
存储器编制	64 比特（40 比特子唯一识别号）	64 比特
前向链路错误检测	按数据块寻址，每块至少 256 比特	字节块，按 1、2、3 或 4 字节的数据块写
反向链路错误检测	所有命令用 5 比特循环冗余校验（CRC-5），但对长命令附加 16 比特循环冗余校验（CRC-16）	16 比特循环冗余校验（CRC-16）
冲突仲裁线性	多达 250	多达 2^{256}

　　ISO/IEC 18000-6C 是对 C 类型的扩展以及 A、B 类型的改进，它定义了四类 RFID 标签的基本类（C1），具体结构如下所述：

　　1）C1：（标准化的）身份标签

　　无源后向散射标签具有以下最小特征：①产品电子代码（EPC）标识符；②标签标识符（TID）；③使标签永久失效的"灭活"功能；④可选的密码保护访问控制；⑤可选的用户存储区。

　　（标准化的）基本类限制：在相同的射频环境中，C2、C3、C4 或更高基本类的标签应不会与 C1 类的标签发生工作冲突、性能衰退。

（标准化的）更高基本类标签：下面的描述给出了更高级的基本类标签的一些基本特征情况。

2）C2：高一级功能的标签

无源标签，具有以下所列的预期特征并且包含或高于 C1 类标签的最小特征：①扩展的 TID；②扩展的用户存储区；③授权的访问控制；④附加的特征（TBD）将定义于 C2 的规范中。

3）C3：半无源标签

半无源标签，具有以下所列的预期特征并且包含或高于 C2 类标签的最小特征：①集成的功率源；②集成的传感电路。

4）C4：有源标签

有源标签，具有以下所列的预期特征并且包含或高于 C3 类标签的最小特征：①标签-标签通信；②主动通信；③（Ad-hoc）网络接入能力。

ISO/IEC 18000-6C 定义了无源后向散射读写器先讲（reader talk first，RTF），工作频率范围为 860～960MHz 的射频识别系统的物理层和逻辑层协议。定义的系统组成包括读写器和标签。读写器发送到标签的信息通过调制一个 860～960MHz 的射频信号实现。标签同时接收该射频信号所传送的能量和信息。标签是无源的，也就是说标签从其接收到的读写器发出的射频信号中提取其工作所需的全部能量。

读写器接收来自标签的信息时发送一个连续的射频信号（continuous wave，CW）给标签，标签通过调制其天线的反射系数并以此后向散射标签信息到读写器。该系统是读写器先讲，也就是说标签以其所存储的信息信号调制其天线的反射系数仅在收到读写器所发送的命令指定下，才根据命令的要求来完成。读写器和标签并不要求同时讲话，更准确一点来说，通信是以半双工方式进行的，即读写器发送命令时标签处于接收（听）的状态；反过来，标签发送响应时，读写器处于接收（听）状态。

A 类标签采用脉冲间隔编码（pulse-interval encoding，PIE）编码，在表 2.4 和表 2.5 中定义了四种符号。表 2.4 中 Tari 是读写器到标签信号的参考时间间隔（20μs）。帧首 SOF 和帧尾 EOF 长度都是 4 个 Tari，SOF 由一个 '0' 符号和一个具有持续时间为 3 个 Tari 的符号组成。

表 2.4　PIE 符号编码

符号	持续时间	容差（相对于 1Tari）
0	1Tari	$\pm 100 \times 10^{-6}$
1	2Tari	$\pm 100 \times 10^{-6}$
SOF	1Tari 接着是 3Tari	$\pm 100 \times 10^{-6}$
EOF	4Tari	$\pm 100 \times 10^{-6}$

表 2.5　PIE 符号

符号	Tari 数	0	1	2	3	4
0	1					
1	2					
SOF	4					
EOF	4					时间

识别卡应能对传输数据进行解码，该编码传输数据具有表 2.6 所示的时间间隔代表的符号。

表 2.6　脉冲间隔编码（PIE）符号的解码

符号	持续时间	时间限制
0	1Tari	$1/2\text{Tari}<0\leqslant3/2\text{Tari}$
1	2Tari	$3/2\text{Tari}<1\leqslant5/2\text{Tari}$
SOF	1Tari 接着是 3Tari	校正序列
EOF	4Tari	$\geqslant4\text{Tari}$

解码器的参考时间间隔由 SOF 导出，为 3/2Tari。解码时，当接收符号之间的时间间隔大于 4 个 Tari 时，我们认为这个信号为 EOF。如果在大于 EOF 时间内没有接收到数据，识别卡应等待另一个 SOF。

以 A 类 RFID 标签进行 RFID 系统建模，如图 2.5 所示，以一串二进制数字为例进行仿真，编码前后仿真波形如图 2.6 所示。

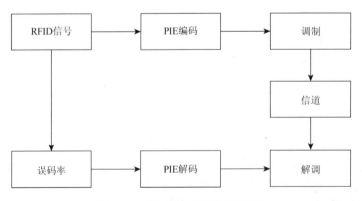

图 2.5　A 类 RFID 标签通信系统

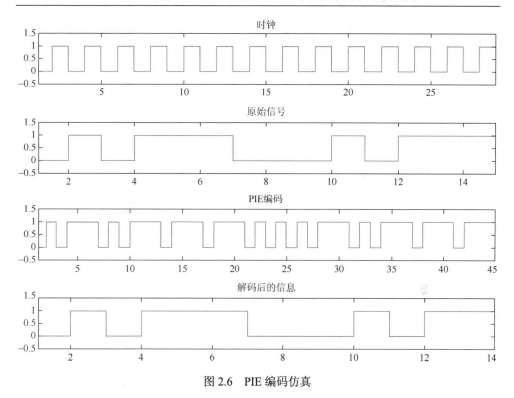

图 2.6　PIE 编码仿真

　　B 类标签采用曼彻斯特编码，每个码元用两个连续极性相反的脉冲表示。它在一个时钟内发送一个二进制数据，半个比特周期的负边沿表示二进制 1，半个比特周期中的正边沿表示二进制 0。以 B 类 RFID 标签进行 RFID 系统建模，如图 2.7 所示。以一串二进制数字为例进行仿真，编码前后仿真波形如图 2.8 所示。

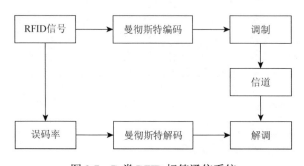

图 2.7　B 类 RFID 标签通信系统

　　C 类标签的后向散射采用 ASK 或 PSK 调制方式，这是由标签提供商决定的。读写器对两种调制方式都能够进行解调。电子标签能够以当前数据率对其后向散射数据进 FM0 基带或者副载波 Miller 调制编码，并且由读写器来指定编码方式。

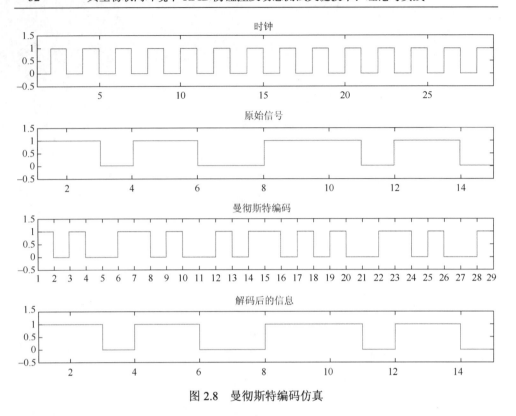

图 2.8　曼彻斯特编码仿真

图 2.9 显示了产生 FM0 编码（双相间隔码）的基本函数和状态图。在 FM0 编码中，相位转换发生在所有的符号位边界。另外，相位转换发生在被发送的逻辑 0 的符号位的中间。图 2.9 状态图中逻辑数据转换顺序对应于 FM0 的基本函数。$S_1 \sim S_4$ 是按 FM0 编码的四种可能的符号，即用每种 FM0 基本函数的两种相位表示。状态号用来代表 FM0 编码的波形，即进入该状态时的相位传输。状态间转变的数据表示需要进行编码的串行数据数值。例如，状态 S_2 到 S_3 之间没有转换，是因为这种转换导致在符号间的边界处没有相位变换。图 2.9 中的状态图不表示任何实现细节[50]。

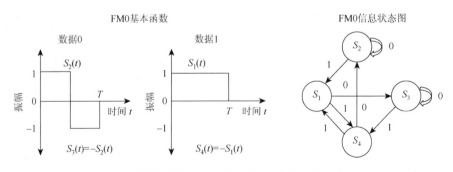

图 2.9　FM0 的基本函数和生成状态图

以一串二进制数字为例进行仿真，FM0 编码前后仿真波形如图 2.10 所示。

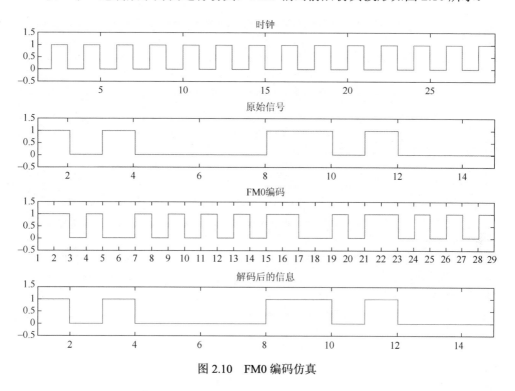

图 2.10　FM0 编码仿真

图 2.11 表示产生 Miller 编码的基本函数和信号状态图。Miller 编码在两个连续的数据 0 之间进行相位转换，在表示数据 1 的符号中间也存在一次相位转换。图 2.11 中的状态图的逻辑数据时序对应于 Miller 编码的基本函数。$S_1 \sim S_4$ 是按 Miller 编码的四种可能的符号，即每种 Miller 编码基本函数的两种相位。状态号用来代表 Miller 编码的波形。传输波形是基带波形乘以符号数率的 M 倍方波。例如，从 S_1 到 S_3 没有转换，是因为这种转换将导致数据 0（data-0）和数据 1（data-1）间的符号边界处没有相位变换。图 2.11 中的状态图不表示任何实现细节。

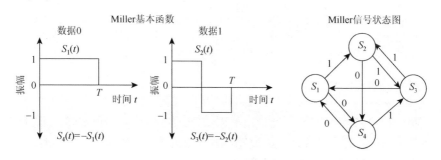

图 2.11　Miller 基本函数和生成状态图

以一串二进制数字为例进行仿真，Miller 编码前后仿真波形如图 2.12 所示。

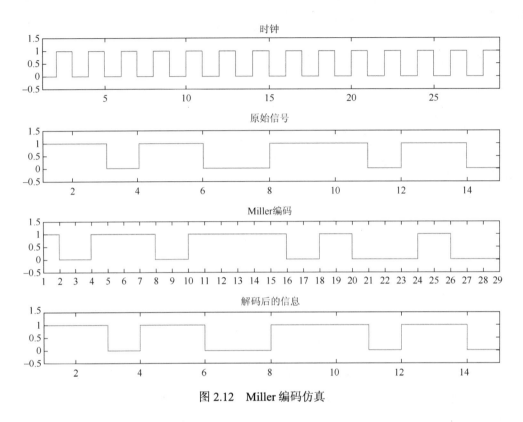

图 2.12　Miller 编码仿真

正交幅度调制（quadrature amplitude modulation，QAM）将信息符号序列通过串并转换分离为两路并行的信息符号序列，然后同时调制到两个正交载波 $\cos(2\pi f_c t)$ 和 $\sin(2\pi f_c t)$ 上，QAM 信号波形表示为

$$
\begin{aligned}
s_m(t) &= A_{mc}g(t)\cos(2\pi f_c t) + A_{ms}g(t)\sin(2\pi f_c t) \\
&= \mathrm{Re}[(A_{mc} + \mathrm{j}A_{ms})g(t)\mathrm{e}^{\mathrm{j}2\pi f_c t}]
\end{aligned}
\tag{2.24}
$$

式中，A_{mc} 和 A_{ms} 分别是承载同相支路和正交支路信息符号序列的信号幅度；$g(t)$ 是基本信号脉冲，一般为矩形脉冲。QAM 信号的等效低通信号为 $(A_{mc} + \mathrm{j}A_{ms})g(t)$。

QAM 信号是二维信号，以 $g(t)\cos(2\pi f_c t) + g(t)\sin(2\pi f_c t)$ 作为正交基，信号向量表示为 M 个信号点 $s_m = (A_{mc}, A_{ms})$。

以 16QAM 对 RFID 信号进行调制。首先需要对编码后的二进制数据进行预处理，将数据沿着矩阵的行方向重新整理成每行 4bit 数据，然后将 4bit 数据转换成相应的整数，最后进行 16QAM 调制，得到图 2.13（a）所示星座图。经过 AWGN 信道后的星座图如图 2.13（b）所示。

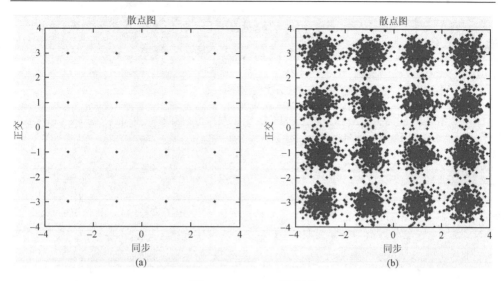

图 2.13　16QAM 星座图

对接收到的经过 AWGN 信道的信号进行解调,解调信号最后转换为二进制比特信号,再经过曼彻斯特解码,最后与原始 RFID 信号对比得出信号误码率。

2.1.5　AWGN 信道下系统通信性能仿真

信号在信道传输的过程中,不可避免地会受到各种干扰,这些干扰统称为"噪声"。如果平稳随机噪声 $n(t)$ 时域采样样本的概率密度函数是高斯分布的,频域的功率谱密度是均匀分布的,则称为加性高斯白噪声(additive white Gaussian noise,AWGN),其重要特征为时域上任意不同时刻采用的样本之间不仅是互不相关的,而且也是相互统计独立的。AWGN 是无线信道中常见的一种噪声,它存在于各种传输媒介中,包括无线信道和有线信道。加性高斯白噪声表现为信号围绕平均值的一种随机波动过程,其均值为 0,方差是噪声功率的大小。一般情况下,噪声功率越大,信号的波动幅度就越大,接收端接收到的信号的误码率就越高。

在研究通信系统的误码率与信道质量的关系时,一般先研究系统在 AWGN 信道下的性能,然后再把它推广到更复杂的情况。

根据信号检测理论可知,AWGN 信道下的最佳接收机是相关接收机或匹配滤波器。相关接收机和匹配滤波器具有的相同的误码率性能为

$$pe = Q\left(\sqrt{\frac{\varepsilon - R}{N_0}}\right) \tag{2.25}$$

式中，ε 为接收到的信号与发送信号的能量；R 为两种信号的互相关系数；N_0 为总数据量。

以 B 类 RFID 标签为例，按照图 2.7 所示的通信系统模型进行误码性能仿真，信道采用 AWGN 信道，仿真结果如图 2.14 所示。

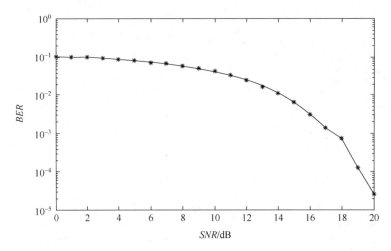

图 2.14　信号在 AWGN 信道下的误码率

图 2.14 中横坐标为信号信噪比（signal-noise ratio，SNR），纵坐标表示信道误码率（bit error rate，BER）。从图中可以看出，误码率随着信噪比的增大逐渐减小。当信噪比增加到 18dB 时，系统的数据传输误码率接近于 10^{-4} 数量级。

2.2　RFID 信号在瑞利信道下的仿真

在无线信道中，发送和接收天线之间通常存在多于一条的信号传播路径。多径的存在是由发射机和接收机之间建筑物和其他物体的反射、绕射、散射等引起的。当信号在无线信道传播时，多径反射和衰减的变化将使信号经历随机波动。因此，无线信道的特性是不确定、随机变化。

2.2.1　瑞利衰落信道仿真

瑞利衰落属于小尺寸衰落，信道按相干带宽分为平坦衰落信道和频率选择性衰落信道。一般而言，在市区内，多径由很多条独立小径构成，对于窄带信号可以看成乘性干扰，最后我们接收到的信号是一个窄带随机信号，其同相分量和正交分量服从高斯分布且相互独立，接收到的信号包络服从瑞利分布，因此平坦衰落信道响应的包络服从瑞利分布，而相位服从均匀分布。

瑞利分布的概率密度函数（图 2.15）为

$$f(z) = \frac{z}{\sigma^2} \exp\left(-\frac{z^2}{2\sigma^2}\right) \quad (z \geq 0) \tag{2.26}$$

式中，σ^2 为多径合成信号检波前的平均功率，即信号的方差；z 表示信号包络幅值。

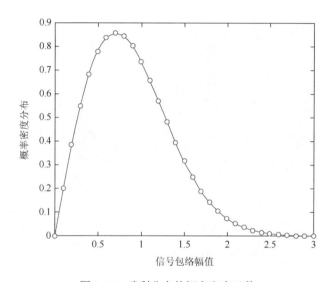

图 2.15　瑞利分布的概率密度函数

在移动通信中，由于接收终端常处于移动状态中，运动的物体对电磁波的频率要产生多普勒频移；加上移动信道的多径效应，各条径的信号分量都要产生多普勒频移，这更增加了信道多普勒频移的复杂性，使移动通信接收端的多普勒频移变成一个多普勒频带，即使信道中只传送单频信号，而经信道传播后也将产生多普勒频谱扩展，显然这种扩展与移动速度有关。

我们采用经典的 Jakes 模型，令相关函数为

$$R_c(\Delta t) = \frac{1}{2} E[h^*(f;t)h(f;t+\Delta t)] = I_0(2\pi f_m \Delta t) \tag{2.27}$$

式中，I_0 是第一类零阶贝塞尔函数；h 为响应函数的傅里叶变换，h^* 为其共轭复数；f_m 为最大多普勒频移

$$f_m = v f_c / c \tag{2.28}$$

式中，v 是以 m/s 为单位的终端移动速度；f_c 是载波频率；c 是光速，$c = 3 \times 10^8 \text{m/s}$。该模型假设发送信号为等幅载波，且存在直达波与多径，则多普勒功率谱为

$$S(f) = \frac{1}{\pi f_m} \cdot \frac{1}{\sqrt{1-\left(\dfrac{f}{f_m}\right)^2}} \quad (|f| \leq f_m) \tag{2.29}$$

根据理论分析，我们可以对多径信道进行仿真，设瑞利分布的路径衰减为 $r(t)$，多径延时参数为 τ_k，可以得出多径信道的仿真系统设计框图，如图 2.16 所示。以 6 径为例进行仿真，仿真结果如图 2.17 所示。

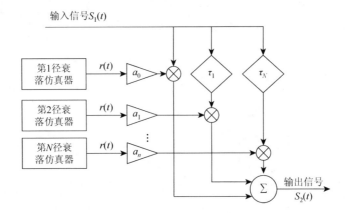

图 2.16　多径信道仿真系统设计框图

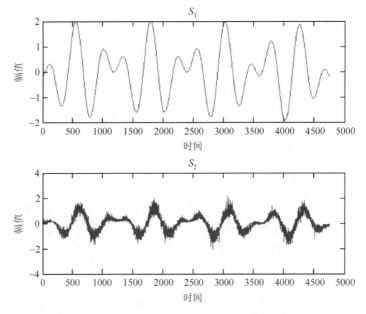

图 2.17　原始信号与经过多径信道接收到的信号

如图 2.17 所示，上图为原始信号 S_1，下图为通过瑞利信道（6 径）接收到的有噪信号 S_2。

2.2.2　瑞利衰落信道下系统通信性能仿真

我们按照图 2.7 所示的通信系统模型进行误码性能仿真，信道采用瑞利衰落信道，仿真结果如图 2.18 所示。

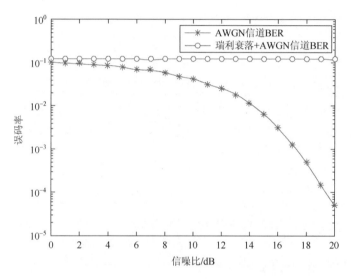

图 2.18　信号在瑞利衰落信道下的误码率

将瑞利乘性噪声加 AWGN 噪声信道的仿真结果和 AWGN 噪声信道放在一起比较，图 2.18 中横坐标为信号信噪比，纵坐标表示信道误码率。从图中可以看出，瑞利信道下的误码率要比 AWGN 信道下的误码率高，系统的数据传输误码率接近于 10^{-1} 数量级，而且随着信噪比的增大，误码率也没有减小，可见信号在瑞利衰落信道下的误码率对于信噪比变化并不敏感。

2.2.3　RFID 信号在瑞利信道下的仿真

按照图 2.7 所示的通信系统模型进行误码性能仿真，信道采用瑞利信道，分别对单径、2 径、4 径、8 径、16 径进行仿真，仿真结果如图 2.19 所示。

由图 2.19 可以看出，信号分别经过单径、2 径、4 径、8 径、16 径后的误码率随信噪比呈现出不规则的变化规律，这与观察图 2.18 得到的结论是吻合的。

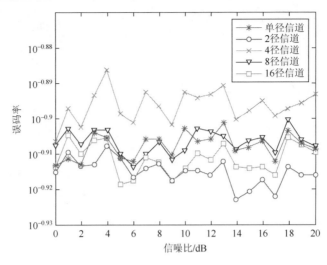

图 2.19　信号经过多径信道后的误码率

2.3　OFDM 系统用于 RFID 信号的瑞利衰落信道

通过仿真得到，RFID 信号在瑞利信道下的误码率对于信噪比变化不敏感，严重影响信号的通信性能。因此，引入正交频分复用（orthogonal frequency division multiplexing，OFDM）理论对 RFID 信号在瑞利衰落信道中的通信性能进行优化。

2.3.1　OFDM 系统定义

频分复用、信号频谱相互覆盖的多载波并行传输思想在 20 世纪 60 年代被提出。所谓多载波与模拟或数字传输的频分复用（FDM）均有不同，在多载波并行系统中，信道被分为 N 个子信道，每个子信道可以单独传输数据而不相互影响，并且相邻信道的信号频谱会有 50% 的重叠；与 FDM 技术相比较，多载波技术的信号频带是可以重叠的，频谱的利用率明显提高，但也有明显的缺点：技术的实现存在困难，需要在发送端和接收端分别安装 N 个相互正交的调制器和解调器，如果使用滤波器来替代，很难确保滤波器之间的相互正交。一直到 70 年代，Weinstein 和 Sieber 将离散傅里叶变换对（DFT/IDFT）应用于多载波系统，提出了 OFDM 的概念，它利用 DFT/IDFT 来实现多个调制器和解调器的功能，而不是使用滤波器来替代，从而降低了 OFDM 的实现难度。而随着快速傅里叶变换（fast Fourier transform，FFT）的提出，以及近年来半导体技术和数字信号处理（digital signal processing，DSP）技术的发展，OFDM 技术被广泛应用于数字音频广播（digital audio broadcasting，DAB）、数字视频广播（digital video broadcasting，

DVB)、无线局域网（wireless local area networks，WLAN），以及下一代移动通信系统中[51, 52]。

OFDM 的基本思想就是把一个高速率的数据流分解成很多低速率的子数据流，以并行的方式在多个子载波上传输，子载波间彼此保持相互正交的关系以消除子载波间数据的干扰，并且每个子载波可以看成一个独立的子信道。由于每个子信道上数据的传输速率较低，当信号通过无线频率选择性衰落信道时，虽然在整个信号频带内信道是有衰落的，但是在每个子信道上可以近似看成是平坦的，只要通过简单的频域均衡就可以消除频率选择性衰落信道的影响；同时，利用 FFT/IFFT 的周期循环特性，在每个传输符号前加一段循环前缀（cyclic prefix，CP），就可以消除多径信道的影响，防止码间干扰（intersymbol interference，ISI）。

发送端将被传输的数字信号转换成子载波幅度和相位的映射，并进行离散傅里叶反变换（IDFT）将数据的频谱表达式变到时域上；也可以使用 IFFT 变换，它与 IDFT 变换的作用相同，但有更高的计算效率，因此适用于所有应用系统。

在接收端进行与发送端相反的操作，将 RF 信号与基带信号混频，并用快速傅里叶变换（FFT）分解频域信号，采集子载波的幅度和相位信息并转换为数字信号。

在传输符号前加一段循环前缀，经 D/A 变换之后，OFDM 信号 $x(t)$ 可以表示为

$$x(t) = \sqrt{2\varepsilon / T_s} \sum_{n=0}^{N-1} \sum_{i=-\infty}^{+\infty} a_n(i) e^{j2\pi f_n (t - iT_s)} \quad (-T_g \leqslant t \leqslant T) \qquad (2.30)$$

式中，$j^2 = -1$；$T_s = T_g + T$，T 为 OFDM 的符号周期，T_s 为加入 CP 后的符号周期，T_g 为 CP 持续时间；N 是子载波的数目；E 为传输信号功率。经过信道和加性高斯白噪声的作用的接收信号为

$$y(t) = \int_0^{+\infty} x(t - \tau) h(t, \pi) d\tau + n(t) \qquad (2.31)$$

在接收端，接收信号经过与发送端相反的处理后输出数据比特。

在 OFDM 系统中，每个传输符号的速率在几十比特每秒到几十千比特每秒之间，所以必须进行串并变换，将输入串行比特流转换成可以传输的 OFDM 符号。由于调制模式可以自适应调节，所以每个子载波的调制模式是可变化的，因而每个子载波可传输的比特数也是可变化的，所以串并变换需要分配给每个子载波数据段的长度是不一样的，在接收端执行相反的过程，从各个子载波处来的数据被转换回原始的串行数据。

当一个 OFDM 符号在多径无线信道中传输时，频率选择性衰落会导致某几组子载波受到相当大的衰减，从而引起比特错误。这些在信道频率响应上的零点会

导致在邻近的子载波上发生的信息受到破坏，导致在每个符号中出现一连串的比特错误。与一大串错误连续出现的情况比较，大多数前向纠错编码在错误均匀分布的情况下会工作得更有效。所以，为了提高系统的性能，大多数系统采用数据加扰作为串并变换工作的一部分。这可以通过把每个连续的数据比特随机地分配到各个子载波上来实现。在接收端，进行一个对应的逆过程还原出原始信号。这样，不仅可以还原出数据比特原来的顺序，同时还可以分散由于信道衰落引起的一连串比特错误，使其在时间上近似均匀分布。将比特错误位置随机化可以提高前向纠错编码的性能，并且使系统的总性能得到改进。

根据 OFDM 信号产生原理，需要大量的子载波才能提高系统的频谱利用率、系统的抗多径干扰和频率选择性衰落的能力。而大量子载波的产生和解调需要大量的振荡器组和相应的带通滤波器组，系统结构复杂，成本比较高，完全体现不出 OFDM 的优势。但是，经过细致的分析可以发现，上述 OFDM 系统的调制解调都可以利用 DFT 实现。DFT 由于有著名的快速算法 FFT，可使 OFDM 系统实现起来结构简单，因此受到广泛重视和使用。

研究如何用 DFT/IDFT 来实现 OFDM 的调制/解调：当只考虑一个 OFDM 符号时，以 T_s / N_{sc} 为采样周期对 $s(t)$ 进行抽样，可得第 m 个抽样值为

$$s_m = \sum_{k=1}^{N_{sc}} c_k e^{j2\pi f_k \frac{(m-1)T_s}{N_{sc}}} \tag{2.32}$$

根据子载波 $\{c_k\}$ 间正交性的条件，可得

$$f_k = \frac{k-1}{T_s} \tag{2.33}$$

将式（2.33）代入式（2.32）得

$$s_m = \sum_{k=1}^{N_{sc}} c_k e^{j2\pi f_k \frac{(m-1)T_s}{N_{sc}}} = \sum_{k=1}^{N_{sc}} c_k e^{j2\pi f_k \frac{(m-1)(k-1)}{N_{sc}}} = IDFT(c_k) \tag{2.34}$$

式中，$IDFT(\cdot)$ 是反傅里叶变换；$m \in [1, N]$。相反，可以推出在接收端

$$c'_{ki} = DFT(s'_m) \tag{2.35}$$

式中，s'_m 是接收端接收的 OFDM 符号。

由以上分析可知，OFDM 系统的调制可以由 IDFT 完成，解调可以由 DFT 完成。由数字信号处理知识可知，IDFT 和 DFT 都可以采用高效的 FFT 来实现。

OFDM 信号的循环前缀（CP）的引入是 OFDM 系统关键技术之一。在一定条件下，CP 不仅可以完全消除由多径传播造成的 ISI，而且还不会造成子载波正交性的破坏，克服子信道间干扰（ICI）的影响。CP 将 OFDM 符号尾部的一部分子载波复制后放到 OFDM 符号最前部，在 OFDM 发射端将它添加到 OFDM 符号的最前面，在接收端将其去除。CP 的长度应与信道冲击响应的长度相当；在相干

光正交频分复用（CO-OFDM）系统中，CP 的长度应该与 CD 和 PMD 等因素造成的时延扩展相当，消除 ISI，保证子载波之间的正交性。

CP 的好处有两方面。第一，它可以充当保护间隔，从而消除 ISI。因为它的存在使得前一个符号多径的副本都落在后一个符号的 CP 范围内，从而消除了前后两个符号之间的干扰。第二，CP 的加入，使得每个 OFDM 符号的一部分呈现周期性，将信号与信道冲击响应的线性卷积转换成循环卷积。因为时域中的循环卷积相当于频域中的比例扩展卷积，所以可以看到，各子载波将保持正交性，从而防止 ICI。同时，用一个 OFDM 符号的不同多径版本之间的不同子载波仍能够保持正交，这样也防止了 ICI。

2.3.2　OFDM 系统用于 RFID 信号瑞利衰落的仿真

OFDM 系统关键的部分在于串并转换、IDFT/DFT 或 IFFT/FFT 变换与加入保护间隔 GI 和循环前缀 CP。串并转换可以提高前向纠错编码的性能，并使系统的总体性能得到改进；IDFT 或 IFFT 输出的数据符号是对连续多个经过调制的子载波的叠加信号进行抽样得到的；加入保护间隔 GI 可最大限度地消除符号间干扰，加入循环前缀 CP 可以消除保护间隔由于多径引起的载波间干扰。

我们将其加入到图 2.7 的模型中，得到如图 2.20 所示的模型。

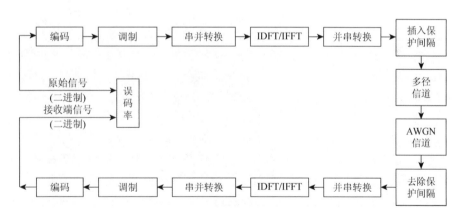

图 2.20　OFDM 系统用于瑞利信道模型

我们按照图 2.20 的通信系统模型进行误码性能仿真，仿真结果如图 2.21 所示。

从图 2.21 可以看出，单纯的瑞利信道下的误码率随着信噪比的增大基本保持不变，误码率对于信噪比不敏感；而加入 OFDM 的系统信号的误码率随着信噪比的增大逐渐减小。对比图 2.14、图 2.18、图 2.21，结果表明，引入 OFDM 后 RFID 信号对信噪比的敏感度明显提高。

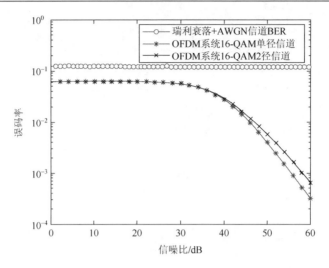

图 2.21　OFDM 用于瑞利信道后信号的误码率

2.4　基于 CRB 的 RFID-MIMO 系统多标签分布对识别性能影响的研究

　　近年来，随着 RFID 研究的深入和多输入多输出（multi-input multi-output，MIMO）通信的快速发展，RFID 与 MIMO 通信交融建立起来的 RFID-MIMO 系统受到物联网界的广泛关注。MIMO 技术在 RFID 中通过近场空间复用和远场空间分集排除干扰提升了系统的可靠性。非 MIMO 系统用几个频率通过多个信道链接，而 MIMO 信道具有多条链路，工作在相同频率，从而可在不增加信号带宽的基础上加长 RFID 的读写距离、降低 RFID 的系统误码率和提高标签的读写速率[53]。对于 RFID-MIMO 系统，Terasaki 等对应用于 RFID 系统的负载调制无源 MIMO 传输进行了实验评估[54]；He 等则研究了 RFID-MIMO 系统反向散射的性能[55]。针对 RFID-MIMO 系统的研究，目前主要集中在算法以及天线数对标签识别性能的影响上。对 MIMO 系统中标签或天线的方位角对标签通信性能影响的研究，主要集中在对小角度扩展的研究上，徐尧等通过分析天线的角度扩展、多径对信道特征值分布的影响，给出了基于特征值分布的自适应 MIMO 接收切换的条件[56]；李峻松等则提出一种在多天线 MIMO 信道相关性建模中小角度扩展近似理论算法，并应用于分析 MIMO 系统性能[57]。而对于 RFID-MIMO 系统中多标签角度分布对识别性能影响的研究则很少，因此，本节主要对 RFID-MIMO 系统中的多标签分布进行研究。

　　考虑到对 RFID-MIMO 系统进行参数估计，Cramer-Rao 界（Cramer-Rao bound，CRB）为任何无偏估计量的方差确定了一个下限，即不可能求得方差小于下限的无偏估计量，并为比较无偏估计量的性能提供了一个标准。CRB 的大小对 RFID-MIMO 系统的识读性能有很大的影响，CRB 越低，代表系统估计的性能越好，相应地 RFID-MIMO 系统中标签的识读性能也就越好；CRB 越高，系统估计的性能越低，标签的识读性能也越差。朱建新等研究了无线传感器网络 RSS 测距定位模型的距离无偏估计和定位估计方差 CRB 下界[58]；江胜利等研究了基于 MIMO 系统的相干分布式目标参数估计 CRB 下界[59]；Jagannatham 和 Rao 研究了阵列 MIMO 系统中基于 CRB 优化的 DOA 估计的波束成形理论分析[60]；Kalkan 则对明显分离的 MIMO 系统的目标位置、速度估计的 CRB 进行了研究[61]。目前，国内外对 CRB 在 MIMO 系统中的研究主要集中于 MIMO 系统中的波束和估计的 CRB，对 RFID-MIMO 系统的研究较少。系统中不同情况下的 CRB 比较相应情况下的估计性能，重点比较了 RFID-MIMO 系统在相干信号与正交信号情况下对目标参数估计的 CRB，揭示了 RFID-MIMO 系统的目标参数估计性能。

2.4.1　信道模型

RFID-MIMO 系统由 M 个坐标分别为 $Z_m=(x_m,y_m)^{\mathrm{T}}(m=1,\cdots,M)$ 的天线组成，如图 2.22 所示，定义天线方位角 θ 为标签与天线阵垂直面的夹角，标签单元间距为 d_a 倍波长，而天线单元间距为 d_b 倍波长。

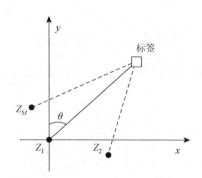

图 2.22　RFID-MIMO 系统结构示意图

令在 n 时刻天线单元发射的基带信号列向量为 $s[n]$，则接收阵列接收到的一个远场点目标的回波信号可写为

$$y[n]=\alpha A(\theta)s[n]+w[n]\ (n=1,\cdots,N) \tag{2.36}$$

式中，α 为标签对应复振幅；$A(\theta)$ 为接收相应矩阵；$w[n]$ 为噪声矩阵；$A(\theta)$ 可以表示为以下形式

$$A(\theta)=a(\theta)a^{\mathrm{T}}(\theta)=[A_1(\theta),\cdots,A_M(\theta)] \tag{2.37}$$

信号的相关矩阵为

$$R_s = \begin{bmatrix} 1 & \beta_{12} & \cdots & \beta_{1M} \\ \beta_{21} & 1 & \cdots & \beta_{2M} \\ \vdots & \vdots & & \vdots \\ \beta_{M1} & \beta_{M2} & \cdots & 1 \end{bmatrix} \tag{2.38}$$

式（2.37）与式（2.38）中，$a(\theta)$ 为导向矢量；β_{ij} 为标签 i 与标签 j 的相关系数。当天线的发射波束指向法线方向时，标签发射信号间相关系数的相位为零，此时 $\beta_{ij} = \beta_{ji} = \beta (\beta \in [0,1])$，因此当发射相关信号时，$\beta = 1$；发射正交信号时，$\beta = 0$。

在高斯白噪声环境下，信噪比 $SNR \triangleq \dfrac{N|\alpha|^2}{\sigma^2}$，$N$ 为采样点数，σ^2 为采样信号的方差，$|\alpha|$ 表示复振幅的模，对单标签空间参数 θ 估计的 CRB 可以表示为[62]

$$CRB(\theta) = \frac{1}{2SNR\left(M\dot{a}^H(\theta)R_s^T\dot{a}(\theta) + a^H(\theta)R_s^T a(\theta)\|\dot{a}(\theta)\|^2 - \dfrac{M\left|a^H(\theta)R_s^T\dot{a}(\theta)\right|^2}{a^H(\theta)R_s^T a(\theta)}\right)} \tag{2.39}$$

式中，$\|\cdot\|$ 表示矩阵的范数，$(\cdot)^H$ 表示共轭转置。

由式（2.39）可以得到如下结论：CRB 与信噪比 $N|\alpha|^2/\sigma^2$ 成反比，即采样点数越大，信噪比越高，CRB 越小，RFID-MIMO 系统估计性能越好。CRB 与信号的导向矢量 $a(\theta)$ 以及标签的个数有关。另外，CRB 与发射信号波形的相关矩阵有着密切的关系。在标签给定个数的情况下，通过改变发射信号的波形可以获得不同的 CRB，因此 CRB 可以作为发射波形优化设计的一种衡量准则。

如果 α 未知，当发射信号互相正交时，信号相关矩阵 R_s 为单位矩阵，则式（2.39）变为

$$CRB(\theta) = \frac{1}{8NM\dfrac{|\alpha|^2}{\sigma^2}\left(\displaystyle\sum_{k=-(M-1)/2}^{(M-1)/2} k^2\right)(\pi\cos\theta)^2(d_b^2 + d_a^2)} \tag{2.40}$$

从式（2.40）可以看出，当发射正交信号波形的时候，CRB 与导向矢量的关系变为直接与标签单元间距、天线单元间距和标签个数有关，且随着标签单元间距的增大而减小，从而可以通过增大标签单元间距来获得更优的 CRB，这符合 RFID-MIMO 系统标签单元要充分展开，以便获得更好的参数估计性能的普遍认识。

在已经精确知道 α 的情况下，只需要估计 θ 和 σ^2。由于估计 σ^2 并不影响对 θ 的估计，所以 θ 估计的 CRB 为[63]

$$CRB(\theta) = \frac{1}{2SNR\left(M\dot{a}^H(\theta)R_s^T\dot{a}(\theta) + a^H(\theta)R_s^T a(\theta)\|\dot{a}(\theta)\|^2\right)} \tag{2.41}$$

式中，$\|\cdot\|$ 表示矩阵的范数。

CRB 总是随着估计更多的参数而增加，由于导向矢量采用标签单元中心为参考点，在发射正交信号的情况下，式（2.39）分母中的第 3 项将等于 0。由此，式（2.39）将等于式（2.41），即是否已知目标的幅度 α 对发射正交信号的 RFID-MIMO 系统估计的 CRB 并没有影响。

在时分双工（TDD）自适应 MIMO 系统中，信道互易性是 TDD 系统信道的一个固有特性。在 TDD 系统中，上、下行信道工作在同一频率，因此，在电磁波传输的路径上，回程和去程两个方向的电磁波将会经历相同的反射、折射、衍射等物理扰动，此时可以认为上、下信道具有相同的衰落特性。因此，可以把上行信道的信道状态当作下行信道的信道状态，即上、下信道具有互易性。令 H_u 表示在上行链路上检测到的上行信道状态矩阵，H_d 表示在下行链路上检测到的下行信道状态矩阵，则 TDD 系统的上、下行信道互易性可以描述为[64]

$$H_u = H_d^T \tag{2.42}$$

式中，上标 T 表示矩阵转置。

由互易性原理，由于 RFID-MIMO 系统具有多个标签与多个天线，对应多个输出与输入，并且天线与标签工作在同一频率，所以可以认为天线与标签的信道同样具有互易性。因此将式（2.39）引入 RFID-MIMO 系统，M 为天线数目。由于 RFID-MIMO 系统具有信道互易性，可用式（2.39）表示单天线多标签系统中对天线的方位角 θ 估计的 CRB，此时 M 表示标签数目。

2.4.2　计算机仿真与分析

通过计算机仿真模拟 MIMO-RFID 系统对标签方位角 θ 的估计 CRB 如图 2.23 所示。在数值模拟中假设 RFID 系统由 M 个排成直线的标签单元组成，单元间距为半个波长，质心取在原点。

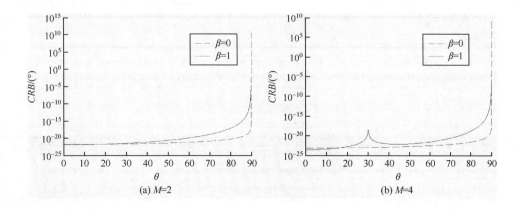

(a) M=2　　　　　　　　　　　　　(b) M=4

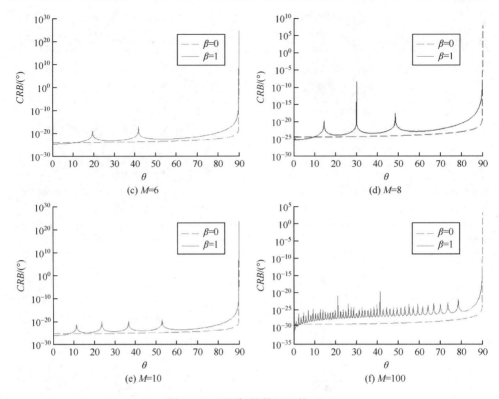

图 2.23　不同标签数目下的 CRB

图 2.23 给出了读写器天线发射正交信号 ($\beta = 0$) 和相干信号 ($\beta = 1$) 对应的 CRB 仿真图，其中标签个数分别为 2、4、6、8、10、100，信噪比 $SNR = 20\text{dB}$。可以看出：

（1）当读写器天线与标签阵垂直面夹角 θ 接近 90° 时，CRB 非常大，无论系统中存在几个标签、天线发射信号正交还是相干，都不能进行有效的估计，标签的识读性能很差。

（2）当读写器天线发射信号正交时，随着天线与标签阵垂直面夹角 θ 的变化，CRB 比较平稳，标签反射信号间没有干扰，因此估计的精度基本保持不变，标签的识读性能比较稳定。

（3）当读写器天线发射相干信号时，随着天线与标签阵垂直面夹角 θ 的增加，标签反射信号间的干扰也会逐渐增大，导致估计精度减小，相应的 CRB 会增大，因此标签的识读性能也会下降。并且由于一些角度的干扰比较集中，估计的精度会严重降低，因此 CRB 会在一定角度出现峰值，且峰值数目随标签数目的增加相应增加。在标签数 $M = 8$ 时，标签与天线的位置分布如图 2.24 所示，此时 CRB 最大，此位置是 RFID-MIMO 系统读取性能最差的位置。

（4）标签数 M 的增加会使系统的整体 CRB 减小，提高估计的精度，标签的识读性能也得到提高。

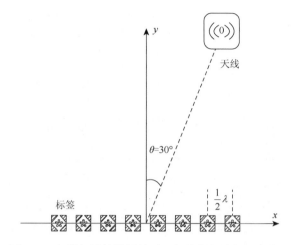

图 2.24　标签识读性能最差时，标签与天线位置示意图

2.5　本章小结

　　本章针对 RFID 标签信号在瑞利衰落信道中的传输进行系统建模与分析，并将 OFDM 系统引入以提高瑞利衰落信号对信噪比的敏感度。研究结果表明，标签信号在瑞利衰落信道中对信噪比变化不敏感，引入 OFDM 后信号对信噪比的敏感度明显提高，RFID 系统抗干扰能力得到增强。同时，本章研究了单天线多标签 RFID 系统的参数估计 CRB，结果表明 CRB 与发射信号的相关矩阵以及收发阵列的导向矢量有关。通过计算机仿真比较了发射相干信号和正交信号对应的 CRB，CRB 越高，RFID-MIMO 系统估计性能越差，标签识读性能越差；CRB 越低，RFID-MIMO 系统估计性能越好，标签识读性能也越好。仿真结果说明了发射正交信号时，天线估计的 CRB 在大部分角度范围内明显小于相干信号对应的 CRB。对于发射相干信号来说，可以通过增加标签数来获得更优的估计性能；但是随着标签数目的增加，CRB 会在某些天线与标签垂直面的夹角处出现峰值，标签的识读性能也会严重降低。但在实际的应用中，不仅要考虑信道的传输问题，还需考虑由多标签、读写器碰撞问题所带来的系统工作效率降低等问题，特别是在复杂的现代物流环境下，读写器和标签碰撞已成为现代物流领域 RFID 技术应用推广急需解决的问题。后面的章节将针对低信噪比条件下 RFID 防碰撞评估与检测问题展开进一步研究。

第3章 RFID 多标签防碰撞及最优分布性能
检测研究

3.1 低信噪比条件下 RFID 防碰撞评估与检测研究

根据信息论的原理，由单维信息融合起来的多维信息，其信息含量比任何一个单维信息量都要大。因此，为了使获取的信息更精确，很多情况下会涉及多传感器融合使用。当很多信息同时反馈给主机时，信号在交叠区域内相互干扰，也就带来了信息融合时的碰撞问题。信息碰撞会降低系统整体检测性能与精度，如何有效防止反馈的传感信息发生碰撞，是近年来学者们研究的重要内容。本章对多光电传感器网络中涉及的典型的 RFID 标签读取效率和碰撞问题进行深入研究，为了准确、定量地评判物联网感知层传感系统防碰撞性能的优劣，以及各种防碰撞算法对系统碰撞的改进程度，通过构建各种碰撞过程的概率模型，给出一组用于检测防碰撞算法性能的定量评价参数。利用给定参数下的计算机仿真实验，验证了两种传感系统碰撞过程概率模型中所涉及的关键评价参数的可靠性。采取相关防碰撞措施，提高整体信息读取效率，从而提高物联网系统的整体性能。通过对 RFID 系统碰撞过程的概率建模和随机分析，为 RFID 系统的防碰撞物理性能检测提供了一种新的评价手段。

对于 RFID 系统碰撞问题，国内外学者研究并提出了很多防碰撞算法，如 ALOHA 算法、查询树算法等，然而，对于防碰撞算法的定量评价却是一个尚待解决的问题。本章从概率建模和随机分析角度出发，对 ALOHA 算法中涉及的概率模型进行分析，通过建模，对较为典型的二项分布模型、泊松分布模型进行深入研究。在设定相关参数的基础上，提出用于检测防碰撞算法优劣的评价参数，并通过仿真实验验证了方法的正确性。通过对这组具有统计意义的关键评价参数的分析和测试评价，最终给出定量的防碰撞能力检测结果。

以 RFID 多标签系统为例，当在一个阅读器的有效作用范围里有多个标签时，由于所有标签采用同一工作频率，阅读器和标签的通信共享无线信道，因此同时发送数据可能导致信道争用、数据冲突等问题，使传输信号相互干扰，导致信息丢失，从而使阅读器不能正确识别标签。这就是 RFID 多标签系统的碰撞问题。

3.1.1 RFID 系统碰撞的基本概念

RFID 技术是一种利用无线电通信实现非接触目标识别的自动识别新技术，它通过射频信号自动识别目标并获取相关数据。RFID 系统由两个基本部分——读写器和电子标签构成，该系统主要用于控制、检测和跟踪物体。近年来，RFID 技术以其数据存储量大、无须接触、批量读取信息、识别时间短、穿透力强、可识别高速运动物体、可同时处理多个目标等优点，在交通、军事、物流、生产等许多领域得到快速普及和发展。它是继互联网和移动通信两大技术后的又一项新技术。

然而，RFID 技术作为一种新兴产业技术，现阶段尚未发展成熟，还存在很多不足之处。其中，在复杂的物联网环境下，标签、读写器碰撞问题所带来的系统工作效率低下问题成了 RFID 技术应用推广急需解决的问题之一。对于碰撞问题，国内外学者研究提出了很多防碰撞算法，如 ALOHA 算法、查询树算法等，然而，对于防碰撞算法的定量评价却是一个急需解决的问题。本章从概率建模和随机分析角度出发，对 ALOHA 算法中涉及的概率模型进行分析，对较为典型的二项分布模型、泊松分布模型进行深入研究。在设定相关参数的基础上，通过计算机仿真实验，提出一套完整的用于检测防碰撞算法优劣的评价参数。通过对这组具有统计意义的关键评价参数的分析和测试评价，最终给出定量的防碰撞能力检测结果。

典型的 RFID 系统碰撞问题主要分为两大类：标签碰撞和读写器碰撞。标签碰撞是指多个标签同时响应一个阅读器读取时发生的信号干扰；读写器碰撞是指邻近的两个或多个读写器在其信号交叠区域内发生的互相干扰，导致该区域内的标签不能有效回复所有读写器[65]。本章主要研究 RFID 多标签碰撞问题。

3.1.2　RFID 系统防碰撞的概率模型

RFID 系统防碰撞的典型概率模型有泊松分布、二项分布、均匀分布、几何分布、马尔可夫链模型[66]等。目前常用的 RFID 系统防碰撞算法主要有两类，即基于 ALOHA 的算法和基于二进制树的搜索算法。除此之外，还有将 ALOHA 算法与树算法结合起来的混合算法，以及 Q 选择算法。其中，在 ALOHA 算法中，可用概率模型来分析标签的到达概率和碰撞概率。

3.1.3　碰撞检测中的关键参数

研究表明，以下参数可以用于检测和评价防碰撞算法的优劣[67]。

吞吐量：在特定的时间段内成功识别标签的平均数目。

吞吐率：在特定的时间段内成功识别标签的平均概率。

输入负载：在特定的时间段内标签向读写器发送的平均通信次数。

时延：识别一个标签所需的平均比特数。

空时隙：标签与读写器不进行通信的时隙。

成功时隙：只有一个标签与读写器进行通信并成功识别的时隙。

碰撞时隙：有多个标签与读写器进行通信并发生碰撞的时隙。

碰撞因子：碰撞时隙中平均包含的标签数目。

标签识别率：某一时间段内与读写器进行通信的标签被成功识别的概率。

误码率：读写器读取多个标签信息时，漏读的标签个数。

识别速度：读写器在单位时间内可读取的标签数目。

能量消耗：识别过程中平均每个标签发送的比特数。

系统工作效率：成功识别的标签次数与发送总次数的比值。

最佳帧长度：根据估测的标签数目分配的通信时长。

3.1.4　RFID 系统标签碰撞过程的泊松分布模型

若随机变量 $x(x=k)$ 只取零和正整数值，且其概率分布为

$$P(x = k) = \frac{\lambda^k}{k!} e^{-\lambda} \quad (k = 0,1,\cdots) \tag{3.1}$$

式中，$\lambda > 0$ 表示泊松过程的到达率；e=2.7182…是自然对数的底数。则称 x 服从参数为 λ 的泊松分布，记为 $x \sim P(\lambda)$。

标签中存储的是用于标记和识别的序列号，每个标签存储的数据长度相等，因此读写器与每个标签的通信时长是一样的。研究一个读写器对应多标签的情况时，整个系统的模型可运用排队论建立。北京邮电大学沈宇超和沈树群研究后提出，在某一时隙内，标签的到达时间间隔 D_k 满足泊松分布[68]。标签到达的时间间隔 D_k 的概率密度为

$$f_{\Delta t}(t) = \lambda e^{-\lambda t} \tag{3.2}$$

假设不发生碰撞而成功完成一次通信所需要的时长为 T_0，$T_0 = T_1 + T_2$，其中 T_1 是防碰撞算法的时长，T_2 是其他通信时长。由泊松分布可得

$$p_n = [(\lambda T_1)^n e^{-\lambda T_1}] / n! \tag{3.3}$$

$n = 0$ 时是空闲状态；$n = 1$ 时是无碰撞成功通信状态；$n > 1$ 时是发生碰撞状态。

根据已经定义的评价参数，输入负载 G 为时隙 T_0 内标签的平均到达次数，吞吐率 S 为时隙 T_0 内成功完成通信的平均次数，P_c 是到达的标签能够成功完成通信的概率。几个参数的关系由下式表示

$$S = GP_c \tag{3.4}$$

进一步推导，可以得到以下关系式：

$$S = G\left(1 - \frac{G}{N}\right)^{N-1}\left(1 - \frac{GT_1}{T_0 N}\right)^{N-1} \tag{3.5}$$

式中，S 与输入负载 G、标签数目 N、通信时长 T_0、防碰撞算法时长 T_1 有关。为了进一步分析参数之间存在的关联，进行以下计算机仿真实验：

设 $G=1$ 为固定值，T_1/T_0 分别取 0.1、0.5、0.9，吞吐率 S 与标签数目 N 之间的关系如图 3.1 所示。T_1/T_0 比值一定时，标签数目 N 越少，吞吐率 S 越大；而标签数目 N 相同时，T_1/T_0 比值越小，吞吐率 S 越大。

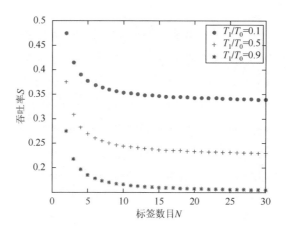

图 3.1　不同 T_1/T_0 比值下吞吐率与标签数目的关系

设 $T_1/T_0=0.2$ 为固定值，标签数目 N 分别取 10、20、50、100、1000，吞吐率 S 与输入负载 G 之间的关系如图 3.2 所示。由图 3.2 可见，五条曲线有一个共同规律，即吞吐率 S 随输入负载 G 的增大而增大，到达某一值后，又随其减小而

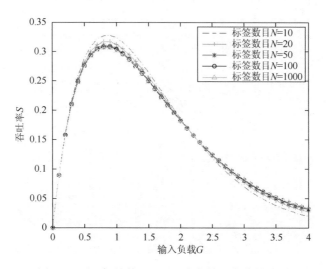

图 3.2　不同标签数目下吞吐率与输入负载的关系

减小，且五条曲线的峰值对应的输入负载值相等。当 N 足够大趋于无穷时，对式（3.5）求导，可得当 $G = (1 + T_1 / T_0)^{-1}$ 即 $G = 0.833$ 时，S 取得极大值 0.306。此外，在标签数目 N 逐渐增大的过程中，曲线的走势越来越接近，增大到某一值后，标签数目对 S 与 G 之间的关系曲线影响不明显。

由图 3.2 直观观察以及以上分析的结论可知，当标签数目 N 足够大时，可不考虑 N 对系统的影响。可将式（3.5）化简为

$$S = Ge^{-G\left(1+\frac{T_1}{T_0}\right)} \tag{3.6}$$

改变 T_1 / T_0 的取值，观察 S 与 G 关系曲线的变化。如图 3.3，T_1 / T_0 分别取两个比较极端的值 0.01 和 0.99，由图可见，T_1 / T_0 等于 0.01 时的吞吐率明显大于 T_1 / T_0 等于 0.99 时的吞吐率。这说明，系统的工作效率与其防碰撞算法所占用的时长有紧密关联，防碰撞算法所占用的时长越短，系统的工作效率就越高。

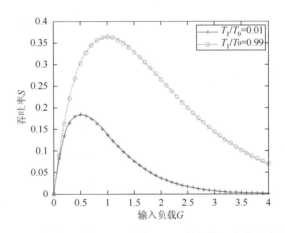

图 3.3　趋于极限的 T_1/T_0 比值下吞吐率与输入负载的关系

图 3.4 中，取 T_1 / T_0 的值分别为 0.1、0.3、0.5、0.7、0.9，五条曲线逐渐变化，进一步说明，防碰撞算法所占总通信时长比例越小，系统工作效率越高。

3.1.5　RFID 系统标签碰撞过程的二项分布模型

设随机变量 x 所有可能取值为零或正整数，且有

$$P_n(k) = C_n^k p^k q^{n-k} \quad (k = 0, 1, 2, \cdots, n) \tag{3.7}$$

式中，$p > 0$，$q > 0$，$p + q = 1$，则称随机变量 x 服从参数为 n 和 p 的二项分布，记为 $x \sim B(n, p)$。

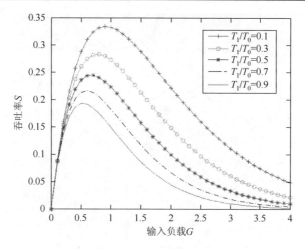

图 3.4　不同 T_1/T_0 比值下吞吐率与输入负载的关系

北京大学王建伟和王东研究后提出，二项分布可用于读写器信号碰撞问题分析[69]；河北工程大学贺洪江和丁晓叶研究后提出，二项分布可用于多标签信号碰撞问题分析[70]。本章主要分析多标签系统的碰撞问题。在一个周期内，设标签总数为 N，时隙数为 Z。对每个时隙而言，标签选择各个时隙的概率相同，为 $1/Z$，不响应的概率为 $1-1/Z$，N 个标签代表 N 个相互独立的事件。根据二项分布原理，同一时隙内出现 n 个标签的概率为

$$p_{N,\frac{1}{Z}} = C_N^n \left(\frac{1}{Z}\right)^n \left(1-\frac{1}{Z}\right)^{N-n} \tag{3.8}$$

空时隙概率：$n=0$

$$p_0 = \left(1-\frac{1}{Z}\right)^N \tag{3.9}$$

成功时隙概率：$n=1$

$$p_1 = \left(\frac{N}{Z}\right)\left(1-\frac{1}{Z}\right)^{N-1} \tag{3.10}$$

碰撞时隙概率：$n>1$

$$p_n = \sum_{n=2}^{N} p_{N,\frac{1}{Z}}(n) = 1 - p_0 - p_1 \tag{3.11}$$

定义系统的吞吐率为

$$S = \frac{\text{成功发送信息的时隙数}}{\text{总时隙数} P} = p_1 \tag{3.12}$$

对成功时隙即式（3.4）进行分析，选取 $N=1$（单标签系统），作 S 与 Z 的关系曲线，如图 3.5 所示。

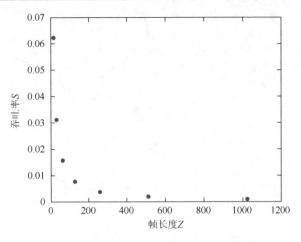

图 3.5　单标签时吞吐率与帧长度的关系

　　由图 3.5 可见，对于单标签系统，帧长度越长（时隙数越多），吞吐率越小。其物理意义在于，帧长度越长，所需的总时隙数也就越多。由于系统只需处理单个标签，多出的时隙就是浪费，所以帧长度越长，系统工作效率就越低。针对这种单标签情况，应采用短帧通信系统。

　　分别取标签数目 N 为 50、100、200、300、400，作 S 与 Z 的关系曲线，如图 3.6 所示。当标签数目不同时，对应的最佳帧长度也不同。进一步观察发现，当标签数目和帧长度相等时，吞吐率达到最大。针对这种情况，要求设计的防碰撞算法能够根据估算的标签数目适时地选择调配帧长度。

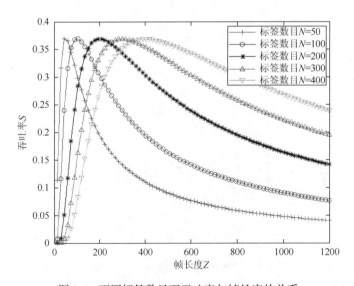

图 3.6　不同标签数目下吞吐率与帧长度的关系

对式（3.12）求导数，令

$$\frac{\mathrm{d}p_1}{\mathrm{d}N} = \frac{1}{Z}\left(1 - \frac{1}{Z}\right)^{N-1}\left[1 + N\left(1 - \frac{1}{Z}\right)\right] = 0 \tag{3.13}$$

对式（3.13）求解得

$$Z = \frac{1}{1 - \mathrm{e}^{-\frac{1}{N}}} = \frac{\mathrm{e}^{\frac{1}{N}}}{\mathrm{e}^{\frac{1}{N}} - 1} \tag{3.14}$$

当 N 很大时，式（3.14）简化可得

$$Z \approx \frac{1 + \frac{1}{N}}{1 + \frac{1}{N} - 1} = N + 1 \tag{3.15}$$

所以，当帧长度与标签数基本相等时，系统效率达到最大，此时吞吐率为

$$S = p_1 \approx \frac{N}{Z}\mathrm{e}^{-\frac{N}{P}} = \mathrm{e}^{-1} \approx 0.3678 \tag{3.16}$$

以上理论结论与仿真实验结果一致。

由对 RFID 系统标签碰撞过程的二项分布概率模型的分析可知，当时隙数与标签数相等时，最大数目的标签被读出，此时时隙的利用率最高。这种情况是指成功时隙，即一个时隙内只出现一个标签，并被成功识别。此外，根据推导，当标签数目接近时隙数时，系统的吞吐率也相应提高。

以上是 RFID 系统标签防碰撞算法中两种典型的概率模型，除此之外，还有马尔可夫链概率模型，马尔可夫链概率模型中涉及了识别效率和识别速度这两个评判参数。识别效率是指在固定标签数目下，阅读器实际成功识别的数目与最大识别数目两者间的比率；而识别速度是指阅读器成功识别一个标签所花费的平均时间。因此，提高多标签防碰撞算法的识别效率和识别速度是提高 RFID 技术应用效率的关键步骤。

3.2　基于 Fisher 信息矩阵的多标签最优分布

标签也是一种传感器，近年来国内外对于多传感器的最优信息融合技术研究取得了一定的进展。李彬彬等针对多被动传感器多目标跟踪中的传感器资源分配问题进行研究，在此基础上分析了多被动传感器系统跟踪误差的几何分布[71]；Bueno-Delgado 等通过研究 RFID 系统的读写器碰撞问题，提出了 GDRA 读写器分布模型来减少标签读取过程中读写器的碰撞[72]；Burdakis 和 Deligiannakis 将传感器作为节点，通过分析传感器的几何分布来检测传感器网络的异常值[73]；Zhu

和 Martínez 通过分布式学习算法优化传感器覆盖范围，从而达到优化传感器分布的目的[74]。以上研究对于 RFID 系统中的多标签分布优化有一定的参考价值。

Fisher 信息量和信息不等式是统计学中的两个重要结果，信息不等式也称 Cramer-Rao 不等式，它是用 Fisher 信息表示无偏估计的方差下限的一个不等式。作为各种无偏估计误差的方差下限，Cramer-Rao 下限（CRLB）为评估无偏估计量的性能提供了依据。通过计算 Fisher 矩阵的行列式值是否满足 Cramer-Rao 界的下限，利用参数估计理论可以判断无偏估计的最优性能[75]。Abramo 用 Fisher 矩阵对星系区域性计数，推导出多个大型结构多目标传感器完整的 Fisher 矩阵[76]；Wolz 等利用 Fisher 信息矩阵预测宇宙探测器，并与蒙特卡罗马尔可夫链的似然估计方法作出比较[77]；Acquaviva 等利用 Fisher 矩阵形式快速确定星系的物理属性的约束条件，从而拟合出光谱能量分布[78]；Leitinger 等分析多路径的几何形状和后向散射约束，利用 Cramer-Rao 下界对 RFID 室内定位系统误差进行仿真实验[79]。在计算 RFID 系统中的标签分布时令阅读器的状态参量为一个有效的无偏估计量，并且有很小的空间误差变化，则这种分布将达到最优。Yang 等提出了标签分布密度模型，重点围绕标签分布密度对定位展开研究[80]；Shakiba 等侧重于利用标签随机几何分布模型对标签数目进行估计[81]。Yang 和 Shakiba 分别对标签密度和标签数目估计进行研究，而本节则从多标签分布出发，利用 Fisher 矩阵检测多标签的最优分布。本节创新性地引入 Fisher 信息矩阵，对最优标签分布进行理论分析和实验验证，研究多标签系统动态性能受标签几何分布的影响，推导出 RFID 多标签系统取得最优识读性能所对应的几何分布特征，可以有效提高多标签系统的动态性能、减小识读误差[82]。

3.2.1　多标签系统识读原理

超高频 RFID 系统采用后向散射调制，无源电子标签附在待识别的目标表面，读写器通过天线发送出一定频率的射频信号，当标签进入磁场时产生感应电流，同时利用感应电流产生的能量发送出其所携带的信息，读写器读取信息并解码后传送给后台进行相关处理，从而达到自动识别物品的目的。在多标签中一般采用概率算法或确定性算法对多标签进行读取，本系统采用 Tree 算法轮询多标签，以防止多目标同时识别过程中的标签碰撞问题。

通过引入 Fisher 信息矩阵研究了多标签系统中标签几何分布对动态性能影响的可能性，通过距离对读写器空间的位置参数进行估计。Fisher 信息矩阵中包含了每个标签的位置、检测值等信息，因此，通过分析计算 Fisher 信息矩阵，可以得出标签几何分布与读写器的关系，获取多标签系统的最优几何分布。基于多标签系统的识读原理如图 3.7 所示。

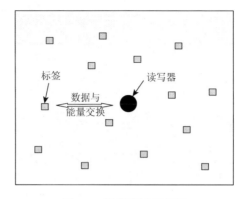

图 3.7　标签识读原理图

讨论多标签与一个读写器的情况（标签数目 $N \geqslant 2$）。直角坐标系中，读写器坐标 $P = [x_p, y_p]^T$，第 i 个标签坐标 $T_i = [x_i, y_i]^T$。第 i 个标签到读写器的距离可以用 $r_i = \|P - T_i\|$ 表示，如图 3.8 所示，第 i 个标签与读写器的方位角表示为 $\phi_i(P)$，可以表示为[83]

$$\phi_i(P) = \arctan \frac{x_p - x_i}{y_p - y_i} \tag{3.17}$$

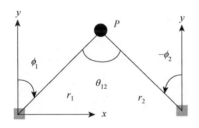

图 3.8　几何参数的定义

3.2.2　最优多标签几何拓扑的数学基础

引入一个总的测量变量 $\bar{Z} = Z(W) + n$ 和一个总的参数变量 $W \in R^M$，参数变量 W 可以从测量变量 $\bar{Z} \in R^N (N \geqslant M)$ 中估计出来。这里，$n \in R^N$ 是一个零均值、恒定协方差矩阵为 $\sum$ 的高斯随机变量，即 $\bar{Z} \sim N[Z(W), \sum]$。

在高斯测量误差的假设下，给定观测量 $\bar{Z} \sim N[Z(W), \sum]$ 下 W 的相关函数为

$$f_{\bar{Z}}(\bar{Z}; W) = \frac{1}{(2\pi)^{N/2} |\sum|^{1/2}} \exp \left\{ -\frac{1}{2} [\bar{Z} - Z(W)]^T \sum{}^{-1} [\bar{Z} - Z(W)] \right\} \tag{3.18}$$

式中，$Z(W)$ 是 $\bar{Z}$ 的均值。$f_{\bar{Z}}(\bar{Z}; W)$ 的自然对数为

$$-\ln[f_{\bar{z}}(\bar{Z};W)] = \frac{1}{2}[\bar{Z} - Z(W)]^{\mathrm{T}} \Sigma^{-1}[\bar{Z} - Z(W)] + c \qquad (3.19)$$

式中，c 是独立于 W 的一项。

Cramer-Rao 不等式可以把获得的协方差和一个无偏估计器联系起来[84, 85]。对于 W 的无偏估计 $\bar{W}$，Cramer-Rao 界表达式为

$$E\left[(\bar{W} - W)(\bar{W} - W)^{\mathrm{T}}\right] \geqslant \Gamma(W)^{-1} = C(W) \qquad (3.20)$$

以上定义的 $\Gamma(W)$ 称为 Fisher 信息矩阵。如果式（3.20）取等号，则这样的估计器被称作有效估计器，且估计参数 $\bar{W}$ 是唯一的[86]。

Fisher 信息矩阵 $\Gamma(W)$ 的 (i, j) 元表示为

$$[\Gamma(W)]_{i,j} = E\left\{\frac{\partial}{\partial w_i}\ln\left[f_{\bar{z}}(\bar{Z};W)\right]\frac{\partial}{\partial w_j}\ln\left[f_{\bar{z}}(\bar{Z};W)\right]\right\} \qquad (3.21)$$

式中，∂ 是求偏导数的符号。进一步，在高斯测量误差假设下，Fisher 信息矩阵 $\Gamma(W)$ 的 (i, j) 元表示为

$$[\Gamma(W)]_{i,j} = \frac{\partial Z(W)^{\mathrm{T}}}{\partial w_i} \Sigma^{-1} \frac{\partial Z(W)}{\partial w_j} + \frac{1}{2}\mathrm{tr}\left(\Sigma^{-1}\frac{\partial \Sigma}{\partial w_i}\Sigma^{-1}\frac{\partial \Sigma}{\partial w_j}\right) \qquad (3.22)$$

式中，$\mathrm{tr}(\cdot)$ 是矩阵的迹。通常说来，当协方差 Σ 是真实参数状态 W 的函数时，式（3.22）中的 $\mathrm{tr}(\cdot)$ 项才有意义。然而，这里考虑的所有情况都是假设 Σ 与被估计的参数 W 是相互独立的。在这种情况下，公式（3.22）被简化为

$$[\Gamma(W)]_{i,j} = \frac{\partial Z(W)^{\mathrm{T}}}{\partial w_i} \Sigma^{-1} \frac{\partial Z(W)}{\partial w_j} \qquad (3.23)$$

如果 $[\Gamma(W)]_{i,j} = 0$，则表明 w_i 和 w_j 是正交的，且它们的最大相关估计是相互独立的。于是完整的 Fisher 信息矩阵表达为

$$\Gamma(W) = \nabla_w Z(W)^{\mathrm{T}} \Sigma^{-1} \nabla_w Z(W) \qquad (3.24)$$

这里的 $\nabla_w Z(W)$ 是与 W 相关的测量变量的 Jacobian 矩阵。我们注意到，只要 Fisher 信息矩阵 $\Gamma(W)$ 是可逆的，矩阵 $C(W) = \Gamma(W)^{-1}$ 就是对称的。$C(W)$ 称为不确定椭圆。不确定椭圆 $C(W)$ 的测量函数为我们提供了一个描述无偏估计器性能的手段。

RFID 多标签系统动态性能的读取效率、识读距离、读取速度除了受算法的影响，同时也会受标签几何分布的影响。实际应用中，影响多标签系统动态识读性能的因素不仅取决于测量精度与算法，也与多标签相对读写器的几何分布有密切联系。将 Fisher 信息矩阵理论引入多标签系统的动态性能分析，通过建立几何模型，推导出 RFID 多标签系统取得最优识读性能所对应的最优几何分布图形，可以为提高系统识读性能、减少碰撞发生提供参考依据。

3.2.3　最优几何分布理论模型

基于多标签识读系统的 Fisher 信息矩阵可表示为

$$I_r(P) = \nabla_p r(P)^{\mathrm{T}} R_r^{-1} \nabla_p r(P) \tag{3.25}$$

式中，P 表示读写器的状态参量。$\nabla_p r(P)$ 为 Jacobian 矩阵

$$\nabla_p r(P) = \begin{bmatrix} \sin\phi_1 & \cos\phi_1 \\ \vdots & \vdots \\ \sin\phi_N & \cos\phi_N \end{bmatrix} \tag{3.26}$$

式中，ϕ_i 为第 i 个标签与读写器的夹角。令 $R_r = \sigma_r^2 I_N$，因此 N 个标签的 Fisher 信息矩阵可用如下形式表达

$$I_r(P) = \frac{1}{\sigma_r^2} \sum_{i=1}^{N} \begin{bmatrix} \sin^2 \varphi_i & \dfrac{\sin(2\varphi_i)}{2} \\ \dfrac{\sin(2\varphi_i)}{2} & \cos^2 \varphi_i \end{bmatrix} \tag{3.27}$$

作为各种无偏估计误差的方差下限，Cramer-Rao 下限（CRLB）为评估无偏估计量的性能提供了依据，在估计参数性能方面有着重要的地位。通过计算 Fisher 信息矩阵的行列式值是否满足 Cramer-Rao 界的下限，利用参数估计理论可以判断无偏估计的最优性能。若得到的统计结果最优，则 Fisher 信息矩阵的逆就为识读误差的协方差矩阵。若系统中的标签分布令 P 为一个有效的无偏估计量，并且有很小的空间误差变化，则这种分布将达到最优。因此求解 Fisher 信息矩阵即式（3.27）的行列式值，可获得系统识读性能与标签几何分布的关系。计算 Fisher 信息矩阵即式（3.27）的行列式值

$$\det[I_r(P)] = \frac{1}{4\sigma_r^4} \left\{ N^2 - \left[\sum_{i=1}^{N} \cos(2\varphi_i) \right]^2 - \left[\sum_{i=1}^{N} \sin(2\varphi_i) \right]^2 \right\}$$

$$= \frac{1}{\sigma_r^4} \sum_{s} \sin^2(\varphi_j - \varphi_i) \ (j > i) \tag{3.28}$$

$S = \{\{i, j\}\}$，定义了所有 i 与 j 的组合的集合，且 $i, j \in \{1, 2, \cdots, N\}$，$j > i$。式（3.28）中存在一个极值，当行列式值等于或无限接近该值时，标签-读写器的几何分布达到最优[87]。通过对式（3.28）求导可得到取得极值的条件。如果标签数为 N，基于多标签识读的 Fisher 信息矩阵行列式的极值为 $\dfrac{N}{4\sigma_r^4}$。要达到该极值，必须同时满足

$$\sum_{i=i}^{N} \cos[2\phi_i(x)] = 0 \qquad (3.29)$$

$$\sum_{i=i}^{N} \sin[2\phi_i(x)] = 0 \qquad (3.30)$$

多标签-读写器的最优几何分布图形的基本特征便是由式（3.29）、式（3.30）求解得到的角度信息构成的。

基于以上标签-待定位目标最优几何分布模型，选取直角坐标系为多标签定位系统参考坐标，X-Y 构成的平面是标签和目标所在平面区域，而 Z 代表的是该区域内每个点所对应的 Fisher 信息矩阵行列式归一化值。Z 方向上值的大小决定这点的读取效率。下面研究几组不同标签数目下传感器-待定位目标几何分布图形的基本特征。

3.2.4　标签数目 $N=2$ 的几何分布图形

定位系统含有 2 个标签时，设标签 1 的坐标为 $T_1=[-1, 0]$，标签 2 的坐标为 $T_2=[1, 0]$。图 3.9 为基于多标签定位的 Fisher 信息矩阵行列式值在标签-目标所在平面区域的分布，目标的坐标取值范围是 $x_p \in [-3,3]$ 和 $y_p \in [-3,3]$，$\sigma_r^2 = 1$。

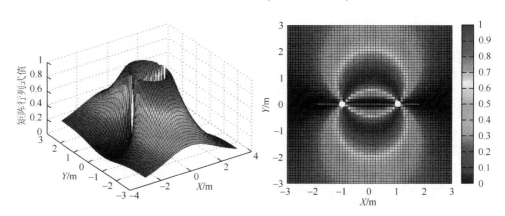

图 3.9　$N=2$ 时标签与目标位置关系三维图与俯视图
注：图中白色圆圈代表标签

从图 3.9 中可以获知，在 2 个标签位置所确定的椭圆圆弧线上，目标定位效果最优。

3.2.5　标签数目 $N=3$ 的几何分布图形

定位系统含有 3 个标签时，将 $N=3$ 代入式（3.28）中，并令 $\sigma_r^2 = 1$，化简可得

$$\det[I_r(P)] = \sin^2 A + \sin^2 B + \sin^2(A - B) \qquad (3.31)$$

式中，$A = \phi_3(P) - \phi_1(P)$，$B = \phi_2(P) - \phi_1(P)$，$A, B \in [0, 2\pi)$。做出的 Fisher 信息矩阵行列式值在标签-目标所在平面区域的分布图如图 3.10 所示。

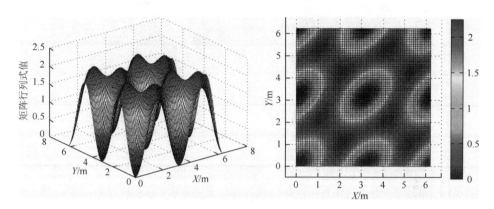

图 3.10　N=3 时最大行列式值分布三维图与俯视图

从图 3.10 中可以观察到，Fisher 信息矩阵行列式值有 8 个最大值点。考虑到 $\phi_3 \geqslant \phi_2 \geqslant \phi_1$，只剩下 4 个点满足。在 $A > B$ 的条件下，有 4 种几何分布图形存在。

图形 1：每两个标签之间的夹角满足 $v_{ij} = v_{ji} = 2\pi / N$，该分布对 N 为任何数的情况都适用，它的分布图形为正多边形。把角度值代入式（3.31），得到的行列式值达到最大，即构成标签-待定位目标最优分布。

图形 2：夹角 $A = \dfrac{2\pi}{3}$，$B = \dfrac{\pi}{3}$，$A - B = \dfrac{\pi}{3}$，满足行列式值最大。

图形 3：夹角 $A = \dfrac{4\pi}{3}$，$B = \dfrac{2\pi}{3}$，$A - B = \dfrac{2\pi}{3}$，满足行列式值最大。

图形 4：夹角 $A = \dfrac{5\pi}{3}$，$B = \dfrac{4\pi}{3}$，$A - B = \dfrac{\pi}{3}$，满足行列式值最大。

由此可见，在系统含有 3 个标签时，标签-待定位目标最优分布不唯一。

下面考虑一种特殊情况，即标签所在位置的 3 个点构成等边三角形，分别取 $T_1 = [-1, 0]$，$T_2 = [1, 0]$，$T_3 = [0, \sqrt{3}]$，目标的取值范围 $x_p \in [-3, 3]$，$y_p \in [-3, 3]$。在此条件下，基于多标签定位的 Fisher 信息矩阵行列式值在标签-目标所在平面区域的分布如图 3.11 所示。

从图 3.11 中可以看到，当目标位于三角形中心或由 3 个传感器构成的圆弧上的任意点时，行列式值最大，即构成标签-待定位目标最优分布。

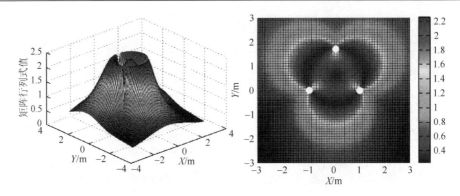

图 3.11　N=3 时标签与目标位置关系三维图与俯视图

注：图中白色圆圈代表标签

3.2.6　标签数目 N=5 的几何分布图形

定位系统含有 5 个标签时，几何分布图形就更加多样化。下面给定一种特殊分布，来研究其特性。选定某一点为中心，使其每两个标签相对于中心点之间的夹角都为 $2\pi/5$，并令 $\sigma_r^2=1$，标签所在点构成正五边形，分别取 T_1=[0, 1]，T_2=[0.95, 0.31]，T_3=[0.58, −0.81]，T_4=[−0.58, −0.81]，T_5=[−0.95, 0.31]。目标取值范围是 $x_p \in [-3, 3]$，$y_p \in [-3, 3]$，在此条件下，基于多标签定位的 Fisher 信息矩阵行列式值在标签-目标所在平面区域的分布如图 3.12 所示。

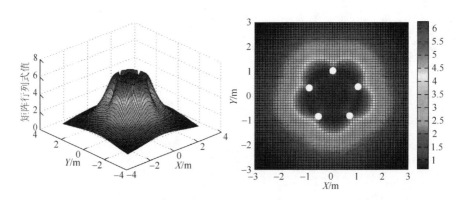

图 3.12　N=5 时标签与目标位置关系三维图与俯视图

注：图中白色圆圈代表标签

3.3　多标签动态几何模式研究

在光电传感网络中，当标签节点位置固定后，才能准确详细记录被测物体的完整信息，实现对周围环境的实时有效监控。根据目标是否移动，可将定位研究分为两类，即静态定位和动态定位。静态定位是利用物理、地理等条件约束，固定参考点和待测点位置，利用几何关系测距定位；动态定位是以静态定位为基础，结合目标移动时沿途各参考点获取的实时信息，对目标位置进行估测。在移动目标定位中，所选路径对定位算法性能有直接影响，例如定位精度、识别效率、能量损耗等。近年来，国内外学者对动态路径规划展开了广泛研究，给出多种路径规划算法。在不同的移动物联网环境多标签几何模式下，如何获得最佳路径和定位效果，以及对预先规划好的路径、速率等进行适时调整以获得最优结果，是本节研究的重点。本节在第 3.2 节的基础上，将 Fisher 信息矩阵理论应用于标签系统动态定位，引入与时间相关的参数，建立几何理论模型，分析移动物联网环境下多标签几何模式[88]。利用仿真分析，获得目标在不同路径上、以不同速率移动时各个时间点的定位效率，作为判定所选路径优劣的依据。借助基于 Fisher 信息矩阵的动态定位，可以准确判定最优测试点，以及在定位区域内各测试点的信息读取性能，为提高系统定位性能、减少测量误差提供参考依据。

3.3.1　理论推导

在第 3.2 节推导的 Fisher 矩阵行列式的基础上，由于行列式值的大小可作为评判目标被识别的概率大小和定位效果优劣的依据，所以此处将行列式值定义为目标定位识别值，用符号 β 表示，它表征了标签的识读性能，而 β 与 $\dfrac{N^2}{4\sigma_r^4}$ 的比值就是固定标签数目下的识别效率。

由于目标处于运动状态，所以需引入时间及目标移动速率的状态参量。目标的位置与时间 t、加速度 a 有关，坐标函数 $x_p = f_1(a,t), y_p = f_2(a,t)$，代入式（3.17）式后再代入式（3.28），获得与时间 t 和加速度 a 相关的目标在某一路径上移动时，任意时间点的定位识别值 β 公式

$$\beta = \det[I_r(P)] = \frac{1}{\sigma_r^4}\sum_s \sin^2\left(\arctan\frac{f_1(a,t)-x_i}{f_2(a,t)-y_i} - \arctan\frac{f_1(a,t)-x_j}{f_2(a,t)-y_j}\right) \quad (3.32)$$

式（3.32）中参考标签的数目 N 是任意的，它主要以组合形式体现，即 $S = \{\{i,j\}\}$，且 $i,j \in \{1,2,\cdots,N\}$，$j > i$。对于不同路径及移动速率，x_p 和 y_p 关于时间 t、加速度 a 的表达式都不相同。

3.3.2　系统仿真与分析

为评估所提出的算法性能，对选取的不同路径及速率进行实验仿真，进而对相

关实验结果进行分析比较。实验仿真过程中，选取直角坐标系为标签定位系统参考坐标，在选定的区域（[0, 20]，[0, 20]）内分别布置三种最优分布情况。如图 3.13，*X-Y* 构成标签位置分布和目标移动路径所在的平面区域，图中将三种标签最优分布情况放置在同一面上。图 3.13 中三条实/虚线分别代表预先选定的三类不同路径，如路径 S_1、S_2、S_3，图 3.13（a）表示正三角形分布的三个标签和目标的三种运动路径，图 3.13（b）表示正方形分布的四个标签和目标的三种运动路径，图 3.13（c）表示正五边形分布的五个标签和目标的三种运动路径，图 3.13（d）表示正六边形分布的六个标签和目标的三种运动路径。每种传感器分布都对应三类选择路径，在标签和路径都固定的情形下，考虑不同移动速率对识别效率的影响。

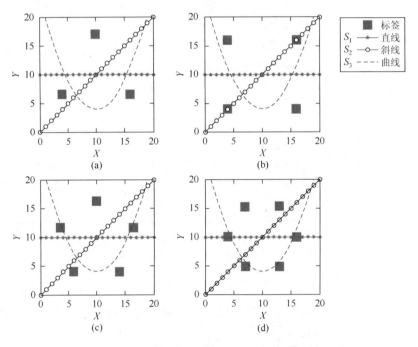

图 3.13　参考标签位置分布及移动路径示意图

3.3.3　目标沿不同路径匀速运动

设速度 v 取某一定值 a 不变，定位系统每隔 0.2s 读取一次目标信息，$\sigma_r^2 = 1$。以三个标签为例，在标签几何中心上、下的三种运动路径的六条运动方式如图 3.14 所示。图 3.14（a）表示直线运动方式情况下的六条运动路径，图 3.14（b）表示斜线运动方式情况下的六条运动路径，图 3.14（c）表示曲线运动方式情况下的六条运动路径。移动目标沿不同路径匀速移动，以 Fisher 信息矩阵理论为依据，绘

制时间 t 与目标识别值 β 的关系曲线，如图 3.15 所示。由于是匀速运动，因此，对于同一路径，不论速度 v 取何值，曲线的趋势走向都是一样的，不同取值只导致系统读取次数不同。

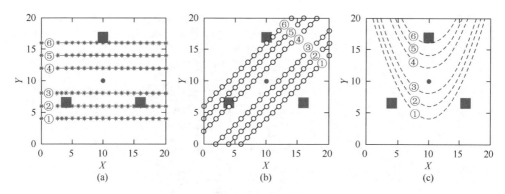

图 3.14　三种运动方式下的六条运动路径

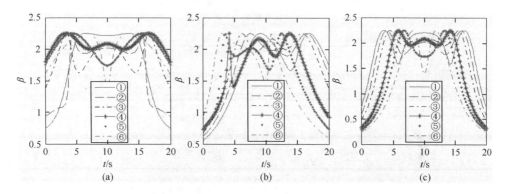

图 3.15　目标定位识别值随时间变化曲线

在相同标签数目下，将三种路径直线、斜线、曲线，依据之前的仿真结果从六种位置分布中各选一条最优路径，并比较不同路径对定位识别值随时间变化的关系，如图 3.16 所示。

图 3.16 中选取了三种参考标签最优分布，图 3.16 (a)、(b)、(c) 分别代表标签数目为 3、4、5 时的情形，每幅图中的三条曲线分别对应三种路径。从图 3.16 可以看出，在速率相同的情况下，选取不同路径，目标被识别的效率不同。可通过计算选取时间段内的定位识别值的平均值，比较大小，评判出最优路径。此外，标签数目在目标定位上也是一个关键因素，比较图 3.16 的纵坐标值可知，标签数目越多，定位识别值越大。因此，在条件允许范围内，适当增加标签数目也是提高系统定位性能的一种有效措施。

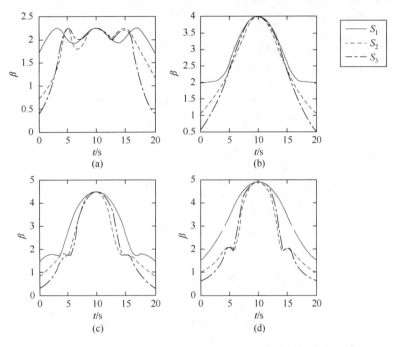

图 3.16　不同标签分布下不同路径定位识别值随时间变化关系

3.3.4　目标沿不同路径变速运动

假设匀速运动时速度分别为 0.5m/s、1.0m/s、1.5m/s，将数据代入式（3.32），可得到只与时间 t 相关的定位识别值关系式，如下所示：

$$\beta_1 = \det[I_r(P)] = \sum_s \sin^2\left(\arctan\frac{f_1(0,t)-x_i}{f_2(0,t)-y_i} - \arctan\frac{f_1(0,t)-x_j}{f_2(0,t)-y_j}\right) \quad （3.33）$$

由式（3.33）绘制对应不同参考标签数目、不同速度下的定位识别值随时间变化的关系的曲线图，如图 3.17 所示。

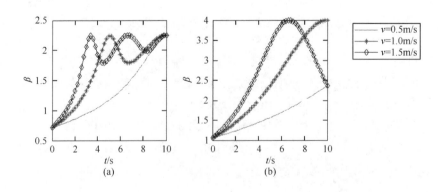

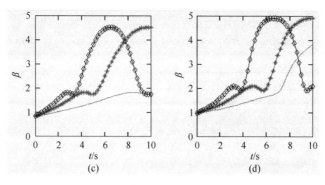

图 3.17　不同标签数目、不同速度下定位识别值随时间变化的关系

图 3.17（a）表示三种运动速度下三个标签的定位识别值，图 3.17（b）表示三种运动速度下四个标签的定位识别值，图 3.17（c）表示三种运动速度下五个标签的定位识别值，图 3.17（d）表示三种运动速度下六个标签的定位识别值。由图 3.17 比较得出，不同的运动速度对定位识别值有很大影响。

假设加速运动时初速度为 0，加速度分别为 0.1m/s²、0.2m/s²、0.3m/s²，可得到只与时间 t 相关的定位识别值关系式，绘制对应不同参考标签数目、不同速度下的定位识别值随时间变化的关系的曲线图，如图 3.18 所示。

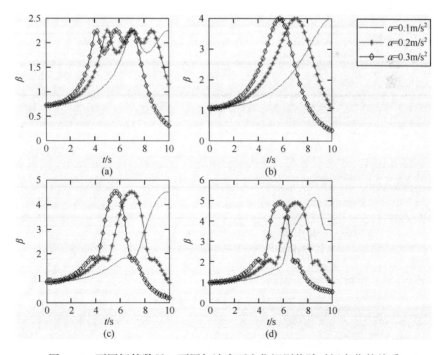

图 3.18　不同标签数目、不同加速度下定位识别值随时间变化的关系

图 3.18（a）表示三种运动加速度下三个标签的定位识别值，图 3.18（b）表示三种运动加速度下四个标签的定位识别值，图 3.18（c）表示三种运动加速度下五个标签的定位识别值，图 3.18（d）表示三种运动加速度下六个标签的定位识别值。由图 3.18 比较得出，在移动物联网环境下，如果参考标签数目都相同，一般情况下，目标匀速运动与变速运动达到最优定位的时间不一样，这与目标移动速度和加速度的取值有关。由于选取的路径差别不大，所以同种标签分布下，移动目标被识别的效率随时间变化的趋势大体相同；但不同的移动速率对目标定位性能影响较大。

3.4　RFID 多标签检测中有偏估计的不确定度分析

由 Cramer-Rao 不等式成立的条件可以判断非随机单参量的任意无偏估计量是否是一个有效估计量，若估计量是无偏的、有效的，则其均方误差可通过求 Cramer-Rao 界得到。但在实际的操作中，我们得到的往往是一个有偏的结果，而对于有偏估计的分析是十分困难的。为了得到有效的有偏估计量，我们以 RFID 多标签检测中线性和非线性函数为例研究了有偏估计和偏差校正的等效性。验证当且仅当有偏估计量的方差达到 Cramer-Rao 界时，无偏估计量的方差同时达到 Cramer-Rao 界，即我们可以通过有偏估计获得无偏校正结果。本研究对曲面不确定度的估计提供了一种重要手段。

3.4.1　非随机矢量函数估计的 Cramer-Rao 界

设 M 维非随机矢量 $\theta = (\theta_1, \theta_2 \cdots, \theta_M)^{\mathrm{T}}$，其函数 $a = g(\theta)$ 是 L 维非随机矢量。若 $\hat{a}$ 是 L 维非随机矢量 $a = g(\theta)$ 的任意无偏估计量，则第 j 个分参量的估计量 $\hat{\alpha}_j$ 的均方误差满足

$$E[(\alpha_j - \hat{\alpha}_j)^2] \geqslant \Psi_{\hat{\alpha}_{jj}} \quad (j = 1, 2, \cdots, L) \tag{3.34}$$

式中，$\Psi_{\hat{\alpha}_{jj}}$ 是 L 阶方阵 $\psi_{\hat{a}} = \dfrac{\partial g(\theta)}{\partial \theta^{\mathrm{T}}} J^{-1} \dfrac{\partial g^{\mathrm{T}}(\theta)}{\partial \theta}$ 的第 j 行第 j 列元素，而 Fisher 矩阵的元素为

$$J = E\left[\frac{\partial \ln p(x|\theta)}{\partial \theta_i} \cdot \frac{\partial \ln p(x|\theta)}{\partial \theta_j}\right] = -E\left[\frac{\partial^2 \ln p(x|\theta)}{\partial \theta_i \partial \theta_j}\right] \quad (i, j = 1, 2, \cdots, M) \tag{3.35}$$

对所有的 x 和 θ，当且仅当

$$\frac{\partial g(\theta)}{\partial \theta^{\mathrm{T}}} J^{-1} \frac{\partial \ln p(x|\theta)}{\partial \theta} = \frac{1}{c}(\alpha - \hat{\alpha}) \tag{3.36}$$

式（3.34）取等号成立，无偏估计量是有效的。式中，c 是与 x 无关的任意非零常数。

作为各种无偏估计误差的方差下限，Cramer-Rao 下限（CRLB）为评估无偏

估计量的性能提供了依据，在估计参数性能方面有着重要的地位。通过计算 Fisher 信息矩阵的行列式值是否满足 Cramer-Rao 界的下限，利用参数估计理论可以判断无偏估计的最优性能。若得到的统计结果最优，则 Fisher 信息矩阵的逆就为识读误差的协方差矩阵[89-93]。

　　而在实际的应用中，由于系统误差和相对误差，偏差是不可避免的。下边我们将分别从标签测量时非随机矢量函数是线性函数和非线性函数两方面分别进行讨论。

3.4.2　单标签识读距离的有偏估计

　　RFID 标签识读距离检测系统的误差来源于测距传感器和系统的反应时间，测距传感器选用 Wenglor X1TA101MHV80 型，系统的线性校正曲线为

$$\hat{R} = R + R_b(R) + n$$
$$R_b(R) = 5\%R + 0.01 \tag{3.37}$$

式中，5% 为相对系统误差；0.01 为系统反应时间引起的绝对系统误差；n 为方差 $\sigma^2 = 0.01$ 的高斯白噪声；真值 R 的估计为 $\hat{R}$，其期望为

$$E(\hat{R}) = f(R) = R + R_b(R) \tag{3.38}$$

$\hat{R}$ 的方差和均方误差分别为[94, 95]

$$Var(\hat{R}) = E\{[\hat{R} - E(\hat{R})]^2\} \geqslant \frac{\left(\dfrac{\partial f(R)}{\partial R} \cdot \dfrac{\partial R}{\partial \theta}\right)^2}{-E\left(\dfrac{\partial^2 \ln p(x|\theta)}{\partial^2 \theta}\right)} = \frac{\left(1 + \dfrac{\partial R_b(R)}{\partial R}\right) \cdot \left(\dfrac{\partial R}{\partial \theta}\right)^2}{-E\left(\dfrac{\partial^2 \ln p(x|\theta)}{\partial^2 \theta}\right)} \tag{3.39}$$

$$= CRB(\hat{R})$$

$$MSE(\hat{R}) = E[(\hat{R} - R)^2] = Var(\hat{R}) + R_b^2(R) \geqslant CRB(\hat{R}) + R_b^2(R) \tag{3.40}$$

由有偏估计和无偏估计的等效性可知[96]

$$Var(\hat{R}_{\text{unbiased}}) = \left(\frac{\partial f^{-1}[E(\hat{R})]}{\partial[E(\hat{R})]}\right)^2 \cdot Var(\hat{R}) = \left(\frac{\partial R}{\partial f(R)}\right)^2 Var(\hat{R}) \tag{3.41}$$

$$CRB(\hat{R}) = \left(\frac{\partial f(R)}{\partial R}\right)^2 CRB(\hat{R}_{\text{unbiased}}) \tag{3.42}$$

$$\frac{CRB(\hat{R}_{\text{unbiased}})}{Var(\hat{R}_{\text{unbiased}})} = \frac{CRB(\hat{R})}{Var(\hat{R})} \tag{3.43}$$

$$\frac{CRB(\hat{R}_{\text{unbiased}}) + \left(R_b(R) \Big/ \dfrac{\partial f(R)}{\partial R}\right)^2}{MSE(\hat{R}_{\text{unbiased}}) + \left(R_b(R) \Big/ \dfrac{\partial f(R)}{\partial R}\right)^2} = \frac{CRB(\hat{R}) + R_b(R)^2}{MSE(\hat{R})} \tag{3.44}$$

从图 3.19（a）中可以看出，随着 R 的增大，真值 R 的偏差也随之增大；从图 3.19（b）和（c）可以看出，当方差不同时，有偏估计和无偏估计是等效的，这与由式（3.43）得到的结论是一致的；从图 3.19（d）和（e）可以看出，当均方误差不同时，同样证明有偏估计和无偏估计也是等效的，这与由式（3.44）得到的结论是一致的。

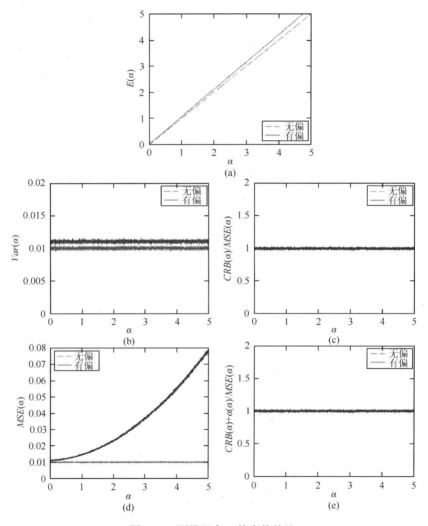

图 3.19　测量距离 R 的有偏估计

系统误差总是使测量结果偏向一边，或者偏大，或者偏小，因此，多次测量求平均值并不能消除系统误差。在实际测量中，对于已知的恒指系统误差，可以用修正值对测量结果进行修正；对于变值系统误差，设法找出误差的变化规律，用修正公式或修正曲线对测量结果进行修正；对于未知系统误差，则按随机误差进行处理。

3.4.3　多标签最优化位置的有偏估计

讨论多标签与一个读写器的情况（标签数目 $N \geqslant 2$）。系统测量的方位角有偏估计可表示为

$$\hat{\phi}_i = \phi_i(P) + \varphi_i + e_i \tag{3.45}$$

式中，$\varphi_i = \alpha \phi_i(P) + \beta$ 为系统相对误差和系统绝对误差；e_i 服从高斯分布。我们不可能对所有的角度进行随机选取以计算式（3.28）行列式值，因此我们选择固定 $\phi_3 = 180°$，令 ϕ_2 在 $[0,180°]$ 之间变化。令 $\alpha = \sin\phi_2, \beta = \sqrt{|I_r(P)|}$，则式（3.31）所对应的有偏估计

$$\beta = \sqrt{2(\alpha + n_1)^2 + n_2^2} \tag{3.46}$$

式（3.45）对应的数学期望如图 3.20（a）所示，对于无偏估计 $\hat{\beta}_{\text{unbiased}}$ 没有偏差，而有偏估计 $\hat{\beta}$ 的偏差随着 α 的增大出现。有偏估计和无偏估计的方差和等效性如图 3.20（b）所示。随着 α 的增大，方差虽然不同，但 $CRB(\beta)/Var(\beta)$ 趋向于 1。为了保持完整性，行列式的 MSE 及其一致性如图 3.20(d)所示，可以看出 MSE 和 Var 不完全等效，但随着 α 的增大逐渐趋近于 1。

从图 3.21 可以看出，随着标签数目（4~8）的增加，Fisher 矩阵行列式的期望、方差和均方误差虽然不同，但 $CRB(\hat{\beta})/Var(\hat{\beta})$、$[CRB(\hat{\beta}) + \alpha_b(\alpha)^2]/MSE(\hat{\beta})$ 以相同的趋势趋向于 1，这与由式（3.43）、式（3.44）得到的结论是一致的，这同样适用于标签数目 $N \to \infty$ 的情况。对于任意数目的标签，在得到标签最优分布的过程中通过对有偏估计量的 Cramer-Rao 界进行计算得到最优的偏差校正结果，当且仅当有偏估计量的方差达到 Cramer-Rao 界时无偏估计量的方差同时达到 Cramer-Rao 界。

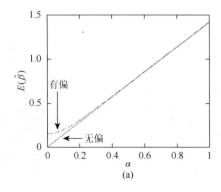

(a)

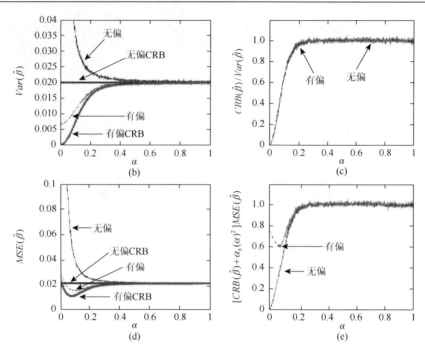

图 3.20　$N=3$ 时 Fisher 矩阵行列式有偏估计

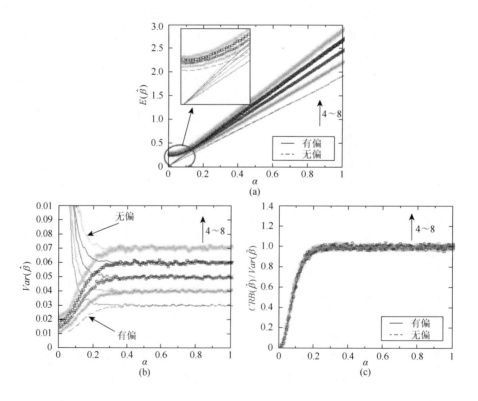

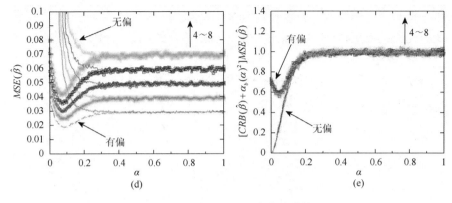

图 3.21　$N=4\sim 8$ 行列式有偏估计

3.5　本章小结

　　本章研究了用于描述现代物流环境下 RFID 系统标签碰撞过程的两种典型的概率模型，即泊松分布模型和二项分布模型。首先给出了用于防碰撞性能检测的评价参数，随后利用计算机仿真实验模拟出相关曲线，最后对仿真曲线的规律和物理含义进行了深入分析，并结合公式推导证明理论与实验结果是一致的。这组参数主要是针对 ALOHA 这类不确定性的防碰撞算法进行评测，而对于二进制搜索这类确定性算法，则不可用概率模型进行分析判断。利用本章提出的评价参数以及基于概率模型和随机分析的 RFID 系统防碰撞检测新方法，可以定量、系统地衡量出不确定性防碰撞算法的优劣，从而为实际应用中选择合适的防碰撞算法提供一条新思路。同时，本章还研究了基于距离测量的多标签系统最优的几何分布模型、相关数学表达式，为提高多标签系统动态性能、减小识读误差，引入含状态参量的 Fisher 信息矩阵作为理论依据，研究了标签几何分布与动态性能间的关系，提出了合理利用标签分布位置来提高 RFID 多标签系统识读性能的新方法。同时，本章研究了基于距离测量的 RFID 定位系统最优路径规划评判模型，利用 Fisher 信息矩阵作为判据，研究移动物联网环境下 RFID 多标签几何模式。通过仿真实验，给出了不同速率、路径下 RFID 多标签几何图形特征，研究结果表明，所选路径及速率对移动物联网环境下 RFID 定位结果有直接影响。最后，将 Cramer-Rao 界引入 RFID 单标签与多标签位置优化测量，验证当且仅当有偏估计量的方差达到 Cramer-Rao 界时无偏估计量的方差同时达到 Cramer-Rao 界，虽然有偏估计量与无偏估计量的均方误差在非线性情况下略有区别，但总体的趋势是相同的，这也与我们的推导结果是对应的。我们可以通过有偏估计得到无偏校正的结果，这一研究对曲面不确定度的估计提供了一种重要手段。本章研究为打破

RFID 多标签系统推广应用的技术瓶颈提供了一种重要手段。

以上章节的研究分别从理论上展开了低信噪比条件下 RFID 系统建模、防碰撞、多标签最优分布等难题，而实际环境中需要考虑的干扰因素更多，因此，在下一章中，针对实际环境中影响系统性能的各种因素设计动态检测平台，检测实际环境下 RFID 系统的通信性能。

第4章 基于光电传感的 RFID 动态检测系统的设计与实现

第 2~3 章分别从 OFDM 抗干扰、防碰撞检测、Fisher 标签最优分布三个角度出发，在理论上讨论了 RFID 系统防碰撞检测的相关问题。本章在半物理环境下基于光电传感器设计与实现了单品级、托盘级、包装级等多种检测环境下的RFID 动态识读性能检测系统。

4.1 RFID 系统测试标准与比较分析

RFID 系统测试标准是公正、科学地测试和评估各类 RFID 系统产品的基础和重要依据，也是 RFID 系统在具体实施运作过程中的重要技术保障。当前，涉及 RFID 相关技术和产品应用的国际标准化机构主要有国际标准化组织（ISO）、世界邮联（UPU）、国际电信联盟（ITU）、国际电工委员会（IEC）；除此以外，还有一些国家和地区性的标准化机构，如 DIN、ANSI、BSI、CEN，相关的产业技术联盟则有 EIA、AIAG、ATA 等。目前，RFID 系统的工作原理和系统参数设计主要遵循 ISO/IEC 18000 系列标准，而 RFID 产品测试则主要依据 ISO/IEC 系列标准和 EPCglobal 系列标准，测试所涉及的主要内容是协议一致性测试、空中接口一致性测试、标签与读写器性能测试、物理性能参数测试及电气性能参数测试[97]。

4.1.1 ISO/IEC 18000 系列标准

ISO/IEC 18000 系列标准作为 RFID 技术的核心标准，根据不同频段分为几个部分，具体内容如表 4.1 所示。

表 4.1 RFID 技术标准

标准号	标准名称	
	英文名称	中文名称
ISO/IEC 18000-1：2008	Information technology—Radio frequency identification for item management—Part 1: Reference architecture and definition of parameters to be standardized	信息技术—针对物品管理的射频识别—第 1 部分：标准化参数的参考体系结构和定义

续表

标准号	标准名称	
	英文名称	中文名称
ISO/IEC 18000-2：2009	Information technology—Radio frequency identification for item management—Part 2：Parameters for air interface communications below 135 kHz	信息技术—针对物品管理的射频识别—第 2 部分：（工作频率）低于 135kHz 的通信接口参数
ISO/IEC 18000-3：2010	Information technology—Radio frequency identification for item management—Part 3：Parameters for air interface communications at 13.56MHz	信息技术—针对物品管理的射频识别—第 3 部分：（工作频率）为 13.56MHz 的通信接口参数
ISO/IEC 18000-4：2008	Information technology—Radio frequency identification for item management—Part 4：Parameters for air interface communications at 2.45 GHz	信息技术—针对物品管理的射频识别—第 4 部分：（工作频率）为 2.45GHz 的通信接口参数
ISO/IEC 18000-6：2010	Information technology—Radio frequency identification for item management—Part 6：Parameters for air interface communications at 860MHz to 960MHz	信息技术—针对物品管理的射频识别—第 6 部分：（工作频率）为 860~960MHz 的通信接口参数
ISO/IEC 18000-7：2009	Information technology—Radio frequency identification for item management—Part 7：Parameters for active air interface communications at 433MHz	信息技术—针对物品管理的射频识别—第 7 部分：（工作频率）为 433MHz 的通信接口参数

在 RFID 产品检测方面，RFID 产品检测认证实验室主要依据两大类标准：ISO/IEC 系列标准和 EPCglobal 系列标准，将分别在后文进行分析。

该系列标准包含 RFID 性能测试标准（ISO/IEC 18046 Information Technology Automatic Identification and Data Capture Techniques Radio Frequency Identification Device Performance Test Methods）及 RFID 一致性测试标准（ISO/IEC 18047 Information Technology Automatic Identification and Data Capture Techniques Radio Frequency Identification Device Conformance Test Methods），具体内容如表 4.2 所示。

表 4.2　RFID 产品协议测试标准

标准号	标准名称
ISO/IEC 18046：2006	自动识别和数据采集技术 RFID 设备性能测试方法
ISO/IEC 18046-1	第 1 部分：系统性能测试方法
ISO/IEC 18046-2	第 2 部分：读写器性能测试方法
ISO/IEC 18046-3	第 3 部分：标签性能测试方法
ISO/IEC 18047-2：2006	射频识别设备一致性测试方法—第 2 部分：频率小于 135kHz 的空中接口通信测试方法
ISO/IEC 18047-3：2004	第 3 部分：13.56MHz 的空中接口通信测试方法
ISO/IEC 18047-4：2004	第 4 部分：2.45GHz 的空中接口通信测试方法
ISO/IEC 18047-6：2006	第 6 部分：860~960MHz 的空中接口通信测试方法
ISO/IEC 18047-7：2005	第 7 部分：433MHz 的空中接口通信测试方法

　　ISO/IEC 18046 标准定义了 RFID 性能测试的基本概念，约定了标签方向、标签形状、测试参数、测试速度、单标签测试和多标签测试这几个会对测试结果造成影响的自变量，使用 6 个因变量来表达长距离和短距离 RFID 产品性能测试中各个自变量对系统性能测试结果的影响，它们分别是识别率（identification rate）、识别范围（identification range）、读取率（read rate）、读取范围（read range）、写入率（write range）、写入范围（write range）。从以上几个因变量可以看出，ISO/IEC 18046 将 RFID 性能测试分为识别、读取、写入三大类，并且每一类测试都分别从速率与范围这两个角度进行，除此以外，该标准还将被测的 RFID 系统分为单标签系统和多标签系统。值得注意的是，此标准的测试对象并非系统中的单个设备，而是整个 RFID 系统，所以系统中任何一个组成部件发生变化，都有可能使测试结果产生变动而失效。ISO/IEC 18046 标准共有两个附件，附件 A 描述了对测量天线、测试天线、替代天线、测试夹具、测试位置和测试环境的具体要求，附件 B 则提出了长距离 RFID 性能测试的补充要求。

　　ISO/IEC 18046 标准与 ISO/IEC 18000 系列标准相对应，定义了 RFID 设备协议一致性的测试方法，即空中接口通信测试方法。该方法分别从标签端和读写器端对 RFID 设备进行信号级、逻辑级、通信级的分级测试，确保 RFID 系统中各个部件之间的通信质量满足技术指标，即系统达到协议一致性的要求，进而使得不同厂家的各类 RFID 设备能够在同一 RFID 系统平台内实现相互兼容、互联、互通及互操作[98]。

4.1.2　EPCglobal 系列标准

　　EPC 全称 electronic product code，是美国麻省理工学院 Auto-ID 中心自主研发的一种新颖的针对 RFID 系统的产品电子编码形式。目前，第二代标准 EPC Gen2 已开始实施。

　　EPCglobal 标准根据不同的测试对象，将具体测试项目分为针对标签、针对读写器、针对标签与读写器协作这三类。其中，针对标签的测试项目有标签状态转换图、标签上电逻辑、标签内存结构、标签对不同时间参数的读写器信号的适应性、标签导引信号波形图、标签信号占空比、标签解调能力、标签响应频率范围；针对读写器的测试项目有读写器调频特征、读写器导引信号波形图、读写器上下电波形、读写器射频包络、读写器调制波形、读写器容限参数、读写器工作频谱、读写器在密集读写器环境下的频谱性能；针对标签与读写器协作的测试项目是标签和读写器之间的时序关系。

　　EPCglobal 系列测试标准与 ISO/IEC 系列标准不同，EPCglobal 系列标准的测试主要在协议级进行，从两个方面实现，一方面测试读写器与标签之间的操作程序及命令的一致性；另一方面测试读写器与标签的物理层交互，即信号层间的一致性测试[99]。

4.1.3 国内 RFID 测试标准

除上述两大系列标准外，我国早在 2006 年就公布了相应的 RFID 测试国家标准。工业和信息化部专门成立了电子标签标准工作组，全面开展针对 RFID 标准的研究工作，针对识别卡测试方法，发布了 GB/T 17554 系列标准，其中第 1 部分为一般性测试方法，第 7 部分是邻近式卡测试方法。

我国无线电管理委员会也发布了《800～900MHz 频段的 RFID 设备要求和检测技术规范》。该频段的 RFID 设备的具体使用频段分为两段，分别是 840～845MHz 和 920～925MHz，检测依据为《800～900MHz 频段射频识别（RFID）技术应用规定（试行）》（信部无〔2007〕205 号）。它主要描述了无线电干扰抑制和频谱共用的射频技术要求，无线电规则程序要求，测试设备及测试项目、指标及方法，其中也包括无线电发射设备的各种射频指标。

4.2 单品级 RFID 测试系统

RFID 单品级应用属于最小级别货品的识别应用，即使用 RFID 标签代替条形码标签，粘贴于每一个商品外壳上，这种方式广泛应用于零售业、高端酒、医疗器械和药品管理、设备管理等领域。可以对最小单位的货品进行跟踪和控制，对于零售端的销售有利；通过在每个标签上写入该商品的生产地、质量监督部门等数据，还可以协助商品销售和使用单位迅速获得该商品的生产和质量检查等信息，避免假冒伪劣产品鱼目混珠，侵害消费者利益。以医疗机构为例，对于单品（含标签）的监督和管理，可以提高取药、用药的正确性，增加原有药品不含的信息（如病人身份、病人位置等），提高血液调度的时效性，通过管制药品运送授权和实体验证，降低使用假冒药品的可能性。

RFID 单品级动态检测系统分为三个子系统：

（1）传输带系统（PLC 控制可调速转弯输送机）：实现基本检测平台的搭建。

（2）数据采集系统（读写器、天线及电缆）：实现 RFID 单品识别（读/写）速率测试、射频标签防碰撞性能测试的原始数据采集处理。

（3）高精度测距系统（高精度激光测距传感器和控制器）：实现 RFID 单品识别（读/写）范围测试的原始数据采集处理。

本节研究的实验系统以典型物联网传感器——RFID 标签为例，使用动态检测方法研究，尤其是识读范围、识读效率动态测试的方法，将射频识别读写装置与激光测距传感器、编码器等光电传感器结合应用，搭建典型物联网光电传感器动态性能检测平台。

4.2.1　系统总体框图

图 4.1 是实验平台的系统总体框图。

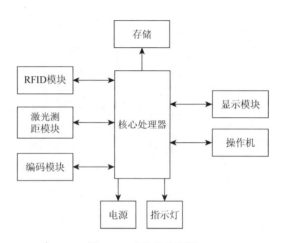

图 4.1　系统总体框图

检测系统的设计分为硬件和软件两部分。硬件部分主要由 RFID 天线、RFID 读写器、激光测距传感器、编码计数器、物流输送线模拟测试平台、PC 机、数据控制线等组成；软件部分由读写程序、测距程序等组成。该检测系统可实现物联网环境下 RFID 识读范围自动测量，探究不同环境干扰对传感器性能的影响，借助理论模型对光电传感器进行优化，提高其检测性能。

4.2.2　激光测距模块

激光传感器因其具有测量精度高、速度快、方向性好、设备结构简单等优点而受到广泛重视。在测距领域，激光的作用更是不容忽视，激光测距是激光应用最早的领域。主流的激光测距仪可分为脉冲激光测距和相位激光测距两种，本系统选用的是脉冲激光测距仪。脉冲激光测距仪的结构原理示意图如图 4.2 所示，激光测距设备对准测量目标，发送光脉冲，光脉冲在经过光学镜头时，一束被透镜前的平面镜反射，进入激光反馈计时模块，经光电转换及放大滤波整流后，电平信号送入时间数字转换芯片的开始计时端；另一束激光脉冲经过透镜压缩发散角后，向前传播，遇到目标障碍物后发生漫反射，部分激光返回到激光接收处理电路。同样地，激光经过光电转换及放大滤波整流后，所形成的电平信号送入时间数字转换芯片结束计时端，即完成整个测量过程。

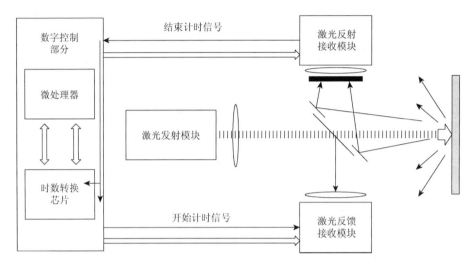

图 4.2 激光测距原理图

在整个系统中，将激光测距仪通过串口通信的方式与 RFID 读写器、天线、控制器等连接，实现了多器件组合应用模式。当激光测距仪接收到 RFID 读写器输出的跳变信号后，启动测距程序，测量 RFID 天线到 RFID 标签之间的距离值，并将该距离值存储在测控模块内存中。

测距系统实物如图 4.3 所示，左图为激光测距传感器模块，右图为数字控制部分，系统自带 5V 电源系统，通过盒内微处理器控制两侧激光测距传感器的运行。测距系统与读写器系统通过转换器（图 4.4）连接，转换器上有两个接口，一个接口通过线缆连接测距系统，另一个接口通过线缆连接读写器系统。

图 4.3 测距系统实物图

图 4.4　转换器实物图

4.2.3　红外线计数传感器模块

在传送带内、外两侧分别安装红外线计数传感器，对准左、右两个方向，以方便正、反转动计数。计数器与电动机连接，启动传送带，计数器开始工作，当计数达到输入圈数时，计数器发送命令使电动机停止运转。实物图如图 4.5 所示。

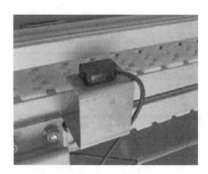

图 4.5　编码计数器实物图

之前，控制系统常采用的计数传感器多为对射式红外计数器，这类计数传感器的光发射、接收部分需分别设置在被控区域的两侧，在中间如有物件通过就遮挡一下光线，输出脉冲信号触发计数电路。但其安装、维修不便，且易出故障，而反射式红外计数传感器克服了上述入射式红外计数传感器的不足。它的光发射、接收为一体化器件，安在被控区的一侧，当探头前有一个物件出现时，就把发射头的红外线反射给接收头，探头输出一个脉冲给计数器计数。其使用十分方便，因而被广泛应用。

选用的计数器采用红外线遮光方式，利用红外对射管作为计数传感器。当有物体通过时，光被遮挡住，接收模块输出一个高电平脉冲，对此脉冲进行计数，就可实现对物品计数，间接实现转动圈数统计。

　　反射式红外计数器电路的工作原理是：该电路由光电输入电路、脉冲形成电路和计数与显示电路等组成，利用被检测物对光束的遮挡或反射，从而检测物体的有无。物体不限于金属，所有能遮挡或反射光线的物体均可被检测。红外对射管将输入电流在发射器上转换为光信号射出，接收器再根据接收到的光线的强弱或有无对目标物体进行探测。每当物件通过红外对射管中间一次，红外光被遮挡一次，光电接收管的输出电压就发生一次变化，这个变化的电压信号通过放大和处理后，形成计数脉冲，去触发一个十进制计数器，便可实现对物件的计数统计。红外计数器总体框图如图 4.6 所示。

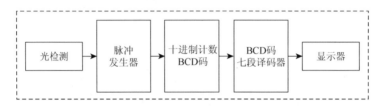

图 4.6　编码计数器原理总体框图

4.2.4　射频识别模块

　　射频识别模块主要由 RFID 读写器、天线、标签及后台管理系统组成。读写器经过发射天线向外发射信号，RFID 无源标签进入磁场后，接收读写器发出的射频信号，凭借感应电流所获得的能量发送出存储在芯片中的产品信息。读写器接收信息并解调、解码后，送至后台信息处理系统进行有关数据处理。其原理图如图 4.7 所示。

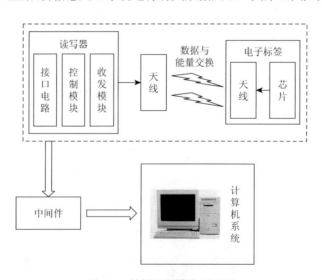

图 4.7　射频识别模块原理图

设计的实验平台实物图如图 4.8 所示，左侧为读写器，右侧黑色部件为天线，它们通过相关数据线连接起来。

图 4.8 射频识别模块实物图

4.2.5 综合功能软件设计

总体程序流程如图 4.9 所示。

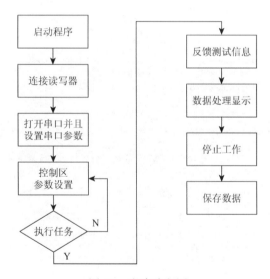

图 4.9 程序流程图

图 4.10 是软件操作界面。输入用户名、密码后，按回车键进入系统。

在 IP 的文本框里，输入当前的读写器的 IP 地址，这里为 "192.168.1.201"，点击 "连接" 按钮，如图 4.11（a）所示。连接成功后，状态栏显示 "连接读写器成功"，同时 "连接" 按钮不可用，"开始" 按钮可用，如图 4.11（b）所示。

图 4.10　身份权限鉴定界面

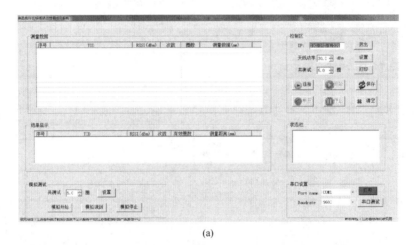

(a)

(b)

图 4.11　读写器参数设置界面

设置串口号为"COM1"，波特率为"19200"，点击"打开"按钮，当状态栏显示"串口打开"，则串口打开成功。此时"打开"按钮文字变成"关闭"，颜色由灰变红，如图 4.12（a）所示。点击"串口测试"按钮，当状态栏显示"测试成功"，说明串口连通成功，如图 4.12（b）所示。

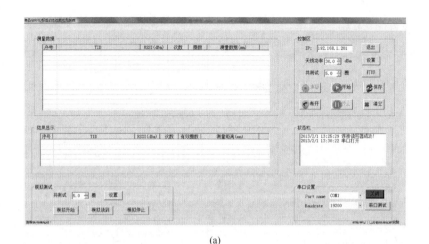

(a)

(b)

图 4.12　串口设置界面

调整天线功率和测试次数，这里功率设为"20"，次数设为"5"，点击"设置"按钮。设置成功后，状态栏会显示"天线功率设置成功"，如图 4.13 所示。

点击"开始"按钮，让读写器和测距设备开始工作，当执行成功时，状态栏显示"读写器开启"、"开始测距"，如图 4.14（a）所示。在每次读到标签时，就会把该圈的测量信息显示出来，如图 4.14（b）所示。

图 4.13　天线参数设置

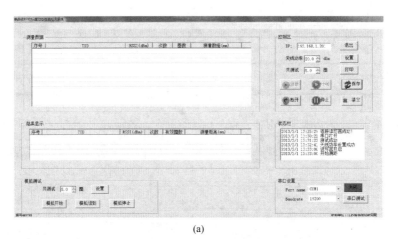

(a)

(b)

图 4.14　测距开始界面

当收到最后一圈的测量信息后，设备停止工作，停止成功后，状态栏会显示"读写器停止"。此时"开始"按钮可用，"停止"按钮不可用。测量数据区每一圈标签的测量信息显示出来，同时结果显示区将测量得出的平均值显示出来。测距设备收到停止信号，也停止工作时，状态栏会显示"停止测距"，如图 4.15（a）、（b）所示。

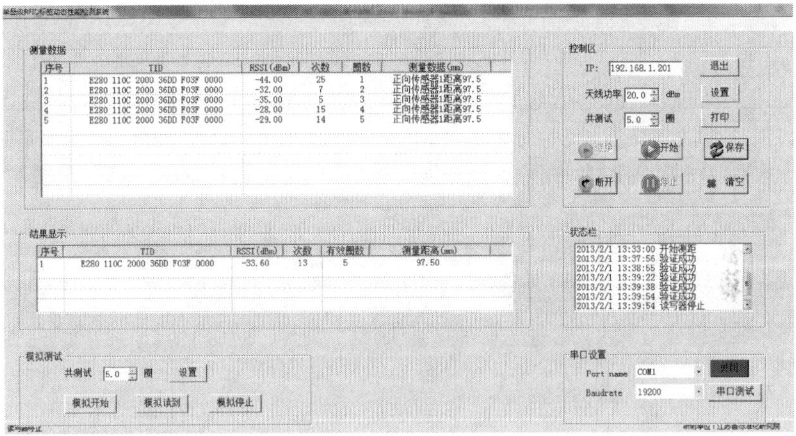

(a)

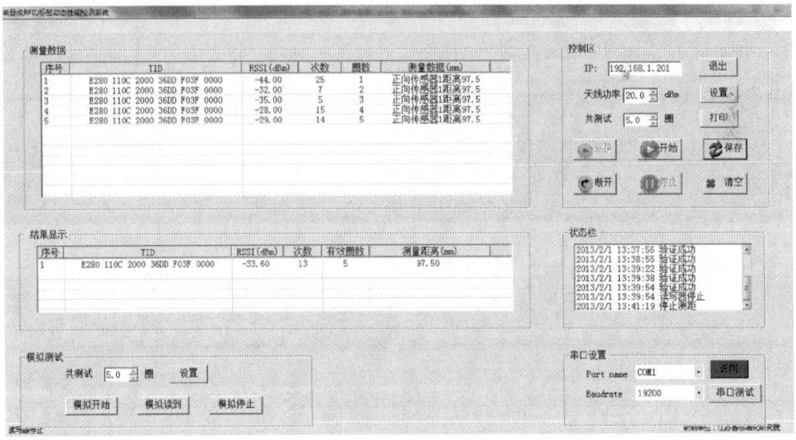

(b)

图 4.15　停止工作的界面

点击"保存"按钮，则读取的信息都保存到 Excel 表格中。点击"打印"按钮，将页边距都设置为 0，确定开始打印。则每一圈的测试数据和最后的统计值都会打印出来，如图 4.16（a）、（b）所示。

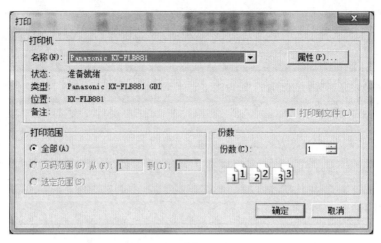

(a)

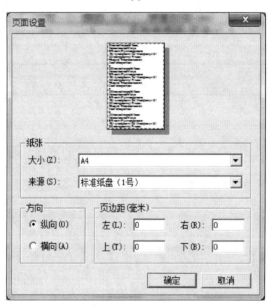

(b)

图 4.16　保存数据界面

　　点击"清空"按钮，则显示区、状态栏的信息都被清空。点击"断开"按钮，断开成功后，状态栏会显示"关闭成功"。此时"连接"按钮可用，"断开"按钮不可用，如图 4.17（a）所示。点击串口设置区的"关闭"按钮，当状态栏显示"串口关闭"，说明串口关闭成功，此时"关闭"按钮的文字变成"打开"，同时按钮颜色由红变灰，如图 4.17（b）所示。点击"退出"按钮，即可退出系统。

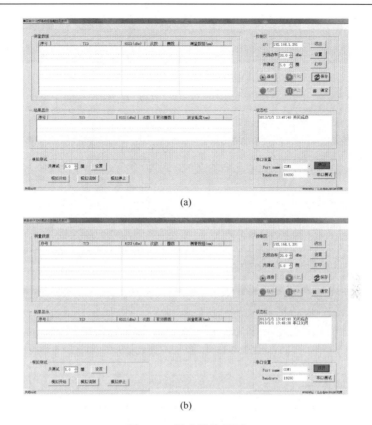

(a)

(b)

图 4.17　退出操作界面

4.2.6　实验平台搭建

为检测 RFID 系统识读效率（天线辐射范围内标签读取次数）、识读距离等典型动态性能参数，设计了 RFID 动态性能检测系统[100, 101]。该系统包括硬件检测平台和测试软件两部分，硬件系统分为三个子系统：

（1）传送带系统（PLC 控制可调速转弯输送机）：实现基本检测平台的搭建。

（2）数据采集系统（读写器、天线及电缆）：实现 RFID（读/写）速率测试、射频标签防碰撞性能测试的原始数据采集处理。

（3）高精度光电测距系统（高精度激光测距传感器和控制器）：实现 RFID 识别范围测试的原始数据采集处理。

图 4.18 为实验平台技术方案图，在物流输送线上传输的物品表面贴上 RFID 标签，在物流输送线侧面安装 RFID 读写器和天线，在天线边安装两个测距传感器（分别记为测距传感器 1 和测距传感器 2）；当物流输送线设定某一固定速度运动时，贴有 RFID 标签的物品进入 RFID 天线辐射场，RFID 天线感应到 RFID 标

签反射的射频信号，与 RFID 天线连接的 RFID 读写器串口发出跳变信号；RFID 读写器通过串口通信的方式将跳变信号发送给光束正对物品方向的测距传感器 1，启动测距程序，测量 RFID 天线到 RFID 标签之间的距离值 L_1，并将该距离值存储在测控模块内存中，相应地可测得 L_2。

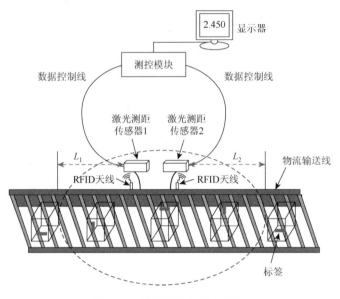

图 4.18　检测平台技术方案图

检测平台如图 4.19 所示。RFID 天线选用美国 Impinj 公司的 Mini Guardrail 天线，该天线为近场天线，最大识读距离为 100mm。RFID 读写器选用美国 Impinj 公司的 Speedway Revolution R220 读写器。测距传感器选用瑞士 Baumer 公司的 OADM 12 型激光测距传感器，该传感器测量距离范围为 16～120mm。数据载波协议为 ISO/IEC 18000-6，并且读写器对标签只进行读操作。

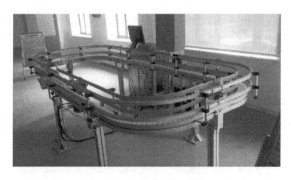

图 4.19　检测平台实物图

标签测试系统测试主要过程如下：

首先打开控制设备，启动软件设置参数，然后给物流输送线设定某一固定速度且顺时针运动，贴有 RFID 标签的物品进入 RFID 天线辐射场，RFID 天线感应到 RFID 标签反射的射频信号，与 RFID 天线连接的 RFID 读写器串口发出跳变信号。

RFID 读写器通过串口通信的方式将以上产生的跳变信号发送给光束正对物品方向的测距传感器 1，启动测距程序，测量 RFID 天线到 RFID 标签之间的距离值，并将该距离值存储在测控模块内存中。设定物流输送线循环传输 10 圈，贴有 RFID 标签的物品 10 次进入 RFID 天线辐射场，获得 10 个距离值，依次为 119.020mm、118.034mm、120.200mm、120.045mm、119.654mm、119.287mm、118.567mm、120.320mm、119.550mm、120.013mm，将它们存储在测控模块内存中。

将存储在测控模块内存中的 10 个距离值求和后除以 10，获得平均距离值 L_1=119.469mm；再给物流输送线设定逆时针运动，RFID 读写器通过串口通信的方式将以上第二步产生的跳变信号发送给光束正对物品方向的测距传感器 2，重复以上步骤，获得平均距离值 L_2=120.045mm。

最后，确定平均距离值 119.469mm 和平均距离值 120.045mm 分别为 RFID 天线两侧最大识读距离，则它们之间的范围为 RFID 识读范围。

测距程序：①测距传感器打出的光束打到贴有 RFID 标签的物品上并反射回来，测量 RFID 天线到 RFID 标签之间的距离所对应的电压模拟量。如果电压变化范围为 0～5V，对应的测量距离变化范围为 0～120mm，其中某次测量得到的电压值为最大电压值 5V，测量 RFID 天线到 RFID 标签之间的距离所对应的电压模拟量。②将以上步骤一获得的电压模拟量通过模拟/数字（A/D）变换器转换为电压数字量。③根据电压和距离的量程范围对应关系，将电压数字量按比例转换为距离值，则显示距离值为 120.000mm。

4.3　托盘级 RFID 测试系统

在 RFID 智能仓库和档案管理中，将 RFID 标签贴于仓库内的货物、托盘、集装箱甚至单品上，标签内包含物品信息。物资的物理移动结果由标签与读写器进行记录和自动处理，可以实现自动盘点，实时了解货品的位置和存储信息，并实现货物自动进库、自动出库和自动化管理。RFID 托盘级应用检测项目包括识别（读/写）范围测试、识别（读/写）速率测试、多标签防碰撞性能测试、射频标签贴标位置优化测试等。

RFID 托盘级动态检测系统由以下四部分组成：

（1）RFID 托盘级应用检测进出库模拟输送系统：可模拟叉车进出库动作，配合传感器完成 RFID 系统多标签识读率测试、识读范围测试等应用级动态测试。

（2）RFID 托盘级应用环境识读范围检测系统：实现远场 RFID 系统最大识读范围检测、RFID 多标签系统防碰撞识读（读/写）范围检测等涉及 RFID 托盘级应用检测环境下识别（读/写）范围测试的项目。

（3）RFID 远场数据采集系统。

（4）龙门支架、光学升降平台等辅助装置。

4.3.1　托盘级 RFID 检测系统结构

RFID 标签进出闸门应用检测系统（原理图如图 4.20 所示）主要由货物传输带、托盘、货物支架、阅读器天线支架、激光测距传感器、RFID 读写器、托盘控制器、控制计算机和 RFID 标签组成。

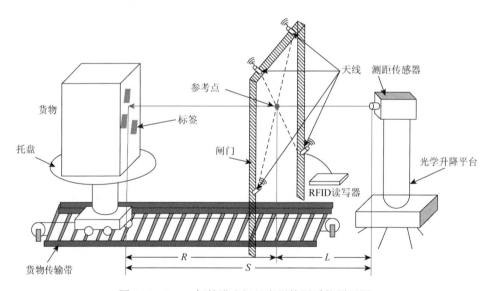

图 4.20　RFID 标签进出闸门应用检测系统原理图

RFID 标签进出闸门应用检测系统实物图如图 4.21 所示，RFID 读写器选用 Impinj 公司的 Speedway Revolution R420 超高频读写器。读写器天线选用 Larid A9028 远场天线，最大识读距离约为 15m。测距传感器选用 Wenglor 公司的 X1TA101 MHT88 型激光测距传感器，货物表面无须安装反射板，该传感器测量距离范围为 15m，精度为 2μm。

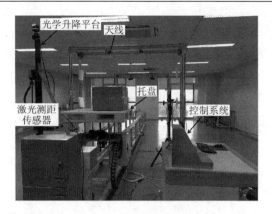

图 4.21　RFID 标签进出闸门应用检测系统实物图

4.3.2　测试流程

整个检测系统模拟货物进出库步骤为：在货物传输带上架设托盘，托盘上放置货物，货物上安装反射板，设定托盘托举高度和货物传输带传输速度，托盘在货物传输带上匀速传动以模拟叉车进出闸门的动作。在货物表面贴上 RFID 标签，在闸门上安装一个 RFID 读写器和多个 RFID 天线，在正对货物传输带的一侧安装一个测距传感器，测距传感器光束指向货物进入闸门的方向。货物传输带连同架设托盘向闸门方向运动，贴有 RFID 标签的货物进入 RFID 天线辐射场，某一个 RFID 天线感应到 RFID 标签反射的射频信号，与 RFID 天线连接的 RFID 读写器串口发出跳变信号。RFID 读写器通过串口通信的方式将产生的跳变信号发送给测距传感器，同时将 RFID 天线的标号发送给测距传感器，启动测距程序，测量测距传感器到反射板的距离值。最后计算出 RFID 天线到 RFID 标签的距离值，作为闸门入口环境下的 RFID 识读范围。

本实验检测环境为托盘运动速度：20m/min，天线接收灵敏度：−70dBm，温度：15℃，读写器天线发射功率：27dBm。采用间接测量的方式测量识读范围。调整光学升降平台，使测距传感器光束瞄准货物，定义测距传感器光束与闸门所在平面的交点为参考点。然后设货物表面到参考点的距离为 R，测距传感器到参考点的距离为固定值 L，测距传感器到货物表面的距离为 S，第 i 个 RFID 天线到参考点的距离为固定值 H_i，则 $R = S - L$，第 i 个 RFID 天线到 RFID 标签的距离值为 $T_i = (R_i^2 + H_i^2)^{1/2}$，即 T_i 为闸门入口环境下的 RFID 识读范围。

4.3.3　软件部分架构

托盘级 RFID 检测系统软件架构如图 4.22 所示。整个软件系统由四个模块构成，分别是应用层接口模块、系统参数配置模块、测试协议模块和数据存储模块，各模块间进行相关参数及命令的传递。

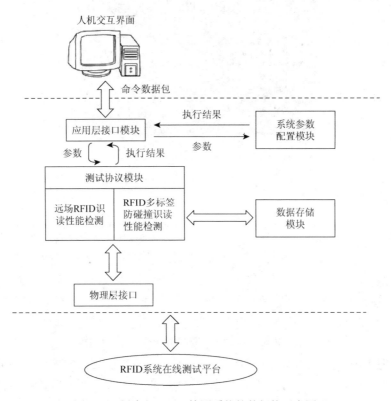

图 4.22　托盘级 RFID 检测系统软件架构示意图

1）应用层接口模块

该模块处于整个 RFID 在线检测系统软件的最顶层，在人机交互应用程序层与测试协议层之间发挥着"桥梁"的作用，用户在人机交互界面做出的操作指示信息就是通过应用层接口模块传递到测试协议层的。传递的这些操作指示信息实际上被整合成具有固定格式的命令数据包，测试协议模块和系统参数配置模块根据这些命令完成相应的任务。

2）系统参数配置模块

测试系统根据客户需求，通过系统参数配置模块，对 RFID 读写器和天线进行配置操作。进入系统后需要对读写器进行参数配置，包括读写器 IP 地址、读取模式、查找模式、会话模式、输出端口、输出电平等，配置过程结束后进行设置保存。在进行远场 RFID 识读性能测试和 RFID 多标签防碰撞识读性能测试时，连接读写器之后也需要进行参数的设置，如读写器的发射功率、接收灵敏度、测试次数等相关数据。

3）测试协议模块

该模块是 RFID 系统在线检测平台的核心部分，主要任务是完成各项测试项目。根据客户需求，当前可进行远场 RFID 识读性能测试和 RFID 多标签防碰撞识读性能测试这两个测试项目。同时，协议测试模块具有可扩展性，未来可根据技术发展和测试需求增加开发新的测试项目。测试协议模块可与其他模块进行数据命令交换，实现参数配置、数据存储、测试结果显示等功能。

4）数据存储模块

远场 RFID 识读性能测试和 RFID 多标签防碰撞识读性能测试结束后，在实时显示测试结果的同时，数据存储模块会进行数据保存，以便进行"导出数据"操作。

4.3.4　软件系统实现流程

RFID 系统在线检测平台软件部分的流程图如图 4.23 所示，共包括用户权限鉴别、读写器参数设置、测试项目、导出数据、清空数据、断开读写器这几个主要步骤。

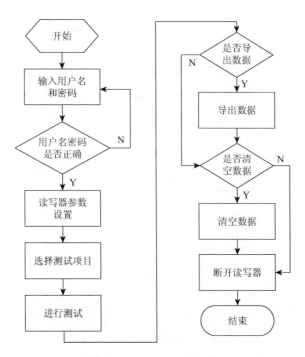

图 4.23　托盘级 RFID 检测系统软件部分流程图

运行软件后输入用户名和密码，进行身份权限鉴别，验证成功后即可进入 RFID 标签动态性能检测系统，如图 4.24 所示。

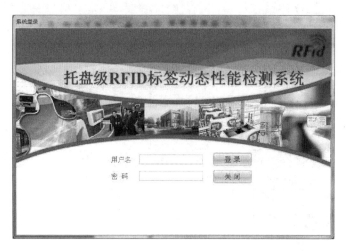

图 4.24　身份权限鉴别界面

进入系统后，可以选择"设置"→"读写器参数设置"。可以配置读写器 IP 地址、读取模式、查找模式等参数，如图 4.25 所示。

图 4.25　读写器参数设置界面

1）远场 RFID 识读性能测试操作

选择"远场 RFID 识读性能测试"后，点击右上角"连接"按钮，进行读写器的连接，如图 4.26（a）所示。连接读写器之后可以进行参数的设置，如读写器的发射功率、接收灵敏度、测试次数等相关的数据，具体的参数见下面的窗口。

数据设置好之后，按"保存"按钮进行参数保存，如图 4.26（b）所示。

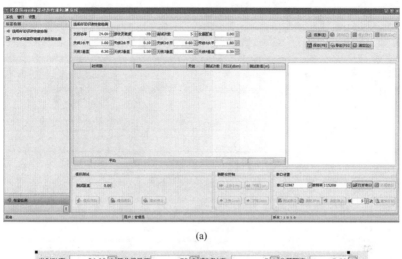

(a)

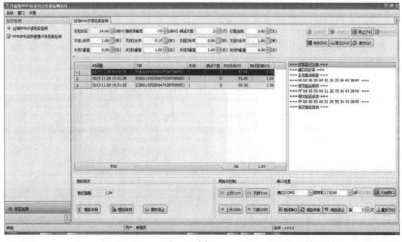

(b)

图 4.26　参数设置界面

点击右上角的"开始"，就可以开始测试操作，界面会显示标签测试数据，如图 4.27（a）所示。达到预设的测试次数后，读写器会自动停止，并且显示测试报告，如图 4.27（b）所示。

(a)

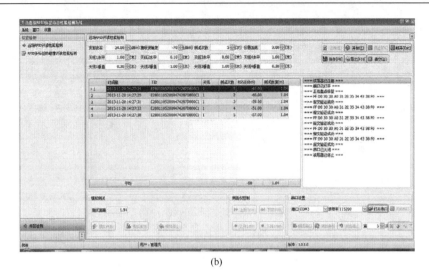

(b)

图 4.27   测试界面

2）RFID 多标签防碰撞识读性能测试

该操作为多标签测试操作，首先预设"标签数"，测试步骤同远场 RFID 识读性能测试操作，如图 4.28 所示。

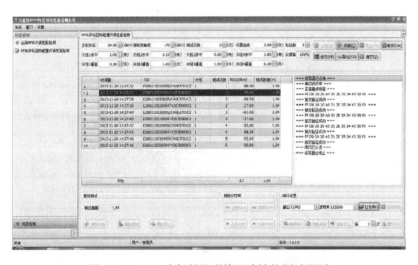

图 4.28   RFID 多标签防碰撞识读性能测试界面

当一个测试完毕，点击界面右上方的"导出"按钮，可以导出测试数据，如图 4.29 所示。点击"清空"按钮，则会清空测试数据。点击"断开"按钮，断开成功后，"断开"按钮不可用，如图 4.30 所示。

图 4.29　导出数据界面

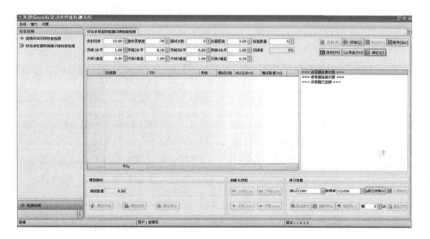

图 4.30　断开读写器界面

4.4　包装级 RFID 测试系统

在物流供应链中,产品成打或成箱包装,可以在纸箱或包箱容器上粘贴 RFID 标签,来追踪及辨识纸箱或包箱容器的形状、位置及交接货物的数量和历经的各物流链环节。对于批量进货需要以箱为单位的出货操作来说,这种包装应用方法比单品货物的拣货、包装和出货更为方便。物流供应链的建设需要在流水线上及时粘贴 RFID 标签,并在货物装配完成后使用读写器向粘贴在货品上的 RFID 标签写入装配信息,在货物出场时,只需读取标签信息,即可获知货物各零部件是否装配齐全,以保障商品的安全生产,并为供应链的下一环节单位提供商品生产信息。RFID 包装级动态检测系统可以模拟包装级 RFID 典型应用的环境和运行状态，该测试平台主要针对较小物品的集合包装级 RFID 应用，不适用于汽车等大型设备的装配线。

RFID 包装级动态检测系统分为三个子系统：

（1）环形传输带系统（PLC 控制可调速转弯输送机）：实现基本检测平台的搭建，模拟 PVC 皮带、碳钢滚筒等典型输送环境。

（2）数据采集系统（读写器、天线及电缆）：实现 RFID 标签识别（读/写）速率测试、RFID 标签防碰撞性能测试的原始数据采集处理。

（3）高精度测距系统（高精度激光测距传感器和控制器）：实现 RFID 标签识别（读/写）范围测试的原始数据采集处理。

4.4.1　标签应用性能动态测试系统设计原理

标签应用性能动态测试系统完全模拟了传送带闸门环境：通过传送带转运的纸板箱内装有实际商品，标签样品必须与即将在供应链中使用的待测标签同规格、同批次，标签贴附于包装箱的位置与实际情况中的相对位置必须相同。基于 RFID 原理设计的动态测试系统闸门结构的侧视图如图 4.31 所示，端视图如图 4.32 所示。

标签应用性能动态测试系统主要由货物传送带、龙门架、测距传感器、RFID 读写器、天线阵和标签组成。天线阵由二至四个天线组成（两个必备天线，分别悬挂在传送带两侧；两个选配天线，分别悬挂在传送带机床的上面或下面），测试过程中按时间顺序轮流激活各个天线，即每个时刻有且只有一个天线被激活。传送带带动贴有 RFID 标签的商品包装箱向闸门方向运动，一旦进入 RFID 天线的辐射场，某一个 RFID 天线接收到 RFID 标签反射的射频信号，与 RFID 天线连接的 RFID 读写器就会产生一个脉冲信号，并将该脉冲信号发送给测距传感器，同时也将感应到射频信号的天线标号发送给测距传感器，以激活测距程序，测量测距传感器到 RFID 标签的距离。最后计算出 RFID 天线到 RFID 标签的距离值，作为闸门入口环境下的 RFID 识读范围。整个 RFID 测试系统实物图如图 4.33 所示。

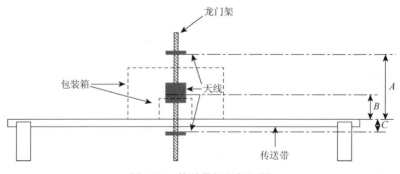

图 4.31　传送带闸门侧视图

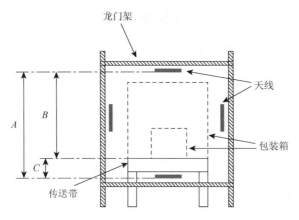

图 4.32　传送带闸门端视图

图 4.33　RFID 系统在线检测平台实物图

4.4.2　标签应用性能动态测试方法

众所周知，在传送带供应链中，包装箱的相对位置和方向是不可控的。一般情况下，当包装箱被放置到传送带上以及在传送过程中时，都会发生翻转和滚动。为了创造一个可重复的测试环境，高保真地还原实际场景，确保测试方向的精确性以及在每次测试中的一致性，将包装箱放置到传送带上时，应采取以下方式：每一轮动态测试都要检测 RFID 标签的 12 个非冗余的、相互正交的方向，且每个方向重复 10 次，最终结果取平均值。因此，一轮测试最少有 10×12=120 条数据记录。动态测试方法示意图如图 4.34 所示。进行动态测试时，也可为每轮测试指定特定的天线，即通过某一个固定的天线获得上述 120 条数据，因此，一轮测试最多有 120×4=480 条数据记录。

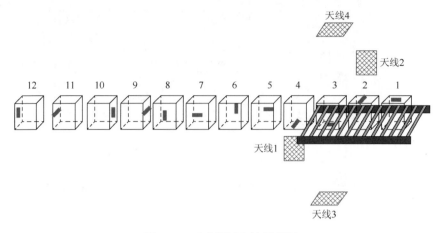

图 4.34　动态测试方法示意图

4.4.3　读写器操作

因为 RFID 读写器与天线之间的通信采取的是一种类似于"轮询"的机制：每个时刻只有一个天线处于激活状态，与 RFID 标签进行通信，所以 RFID 读写器必须在各个天线之间不断切换，且每个天线保持一段时间的通信。

我们把读写器的工作时间定义为读写帧，在读写帧内读写器处于激活状态并不断地扫描电子标签。读写帧将被分成若干时隙，并按顺序均匀地分配给 4 个天线（RFID 天线的相对位置如图 4.35 所示），读写帧的总时间将会随着速率、包装箱大小和包装箱间隔而改变。时隙分配时序图如图 4.36 所示。

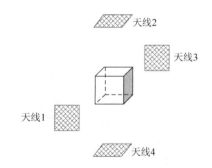

图 4.35　RFID 天线的相对位置

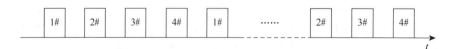

图 4.36　RFID 读写器与 RFID 天线通信时序图

令读写器系统按以下步骤实现"轮询"，进行动态测试：

（1）读写器系统等待读写帧的开端。

（2）读写帧内，读写器系统在 4 个天线中不断切换，以寻找有效的标签 ID。

（3）读写帧结束时，读写器系统停止读操作，并记录已读取的 EPC 编码。

（4）读写器系统也可以记录成功读取标签的时间顺序、每个 ID 的读取次数以及每个天线的读取次数。

（5）读写器系统准备下一次重复测试。

4.4.4　RFID 在线检测系统总体结构

检测平台的设计目标是：模拟多种模式的物流生产流水线，并在此环境下对待测 RFID 产品（RFID 读写器、RFID 标签）的识读距离进行实时、实况、高精度的测量。为了实现这个目标，我们将检测平台分成 5 个基本模块，分别是物流输送线模块、RFID 天线和读写器模块、测距传感器模块、测控模块和显示模块。当贴有 RFID 标签的包装箱在物流输送线上以一定的速度通过测试闸门时，RFID 天线和读写器模块要能够准确地识别出来，并将读取的标签信息传递给测控模块，与此同时，测距传感器模块根据测距算法测量出标签与 RFID 天线之间的距离，并传送给测控模块进行计算分析，得出该电子标签的识读距离，最终显示模块将此识读距离和相应的标签信息展现给用户，如图 4.37 所示。

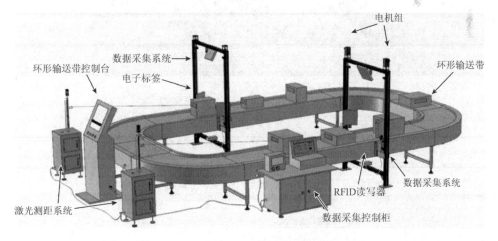

图 4.37　RFID 系统在线检测平台的总体结构

从检测平台的总体结构图可以看出，整个 RFID 系统在线检测平台由 8 个组件构成，分别是数据采集系统、激光测距系统、数据采集控制柜、环形输送带、环形输送带控制台、电机组、电子标签与 RFID 读写器。

　　该检测平台分为 4 个控制系统：

　　一是轨道运行控制系统，该系统负责轨道运行速度调整、正反转控制、单点控制等功能。

　　二是 RFID 天线控制系统，该系统负责调整天线接收面角度调整、角速度调整，一个天线需要两个电机能同时进行前后调整及左右调整，整个系统要有人机界面。电机对外电磁干扰要小，否则会影响整个系统的稳定性和测量精度。

　　三是标签识别系统，该系统包含 RFID 读写器，能识别电子标签的 ID 信息、磁场强度、物品信息等。

　　四是测距系统，该系统包括高性能处理器和高精度的激光传感器，用于识别 RFID 天线识别系统传送过来的控制信息、识读距离、电子标签内含信息等，并与 PC 实时联机，将最终测量结果在 PC 上显示出来。

4.4.5　RFID 系统在线检测平台控制子系统部分

　　控制子系统是整个 RFID 动态检测系统的核心组件，由三个部分组成，分别是轨道运行控制子系统、RFID 天线控制子系统和测距子系统，实物图如图 4.38 所示。

图 4.38　RFID 在线检测系统控制子系统实物图

　　轨道运行控制子系统负责传输带的控制与调节，其功能包括轨道运行速度的设置与调节、轨道运行方向控制（包括正、反两个传输方向）和单点控制。

　　RFID 天线控制子系统可根据客户需求，通过人机交互界面实现对天线接收面角度及角速度的调整与控制。一个天线配备两个电机，可同时进行前后调整和左右调整，具体调整方式将在下节进行论述。在电机型号的选择上，需要具备良好的抗电磁干扰的属性，否则会影响整个系统的稳定性及测量精度。

测距子系统由高性能处理器和高精度激光传感器组成，用于识别来自 RFID 天线识别系统的控制信息、识读距离信息和标签信息等。测距系统与客户终端实时联机，并将最终测量结果通过客户终端展现给客户。

4.4.6　量值溯源

量值溯源指的是利用一条不间断的比较链，使测量结果的值可以与规定的参考标准相互联系，该条比较链具备规定的不确定度。一般情况下，这种规定的参考标准是国际计量基准或国家计量基准。简而言之，量值溯源就是通过一套具有连续性特征的校准体系，对测量数据的统一性与准确性给予恰当充分的佐证。量值溯源是一种自下而上的自发行为，而非一级一级地依次溯源，可以通过校准、自校准、检定、测试、比对实验及使用有证标准物质等方式来实现量值溯源。

本检测平台中需要进行量值溯源的测量组件有两个：激光测距传感器和 RFID 读写器天线。激光测距传感器是测距模块的核心组件，可直接测量出传感器到电子标签的距离，作为间接测距算法的参数，最终获得电子标签的识读范围。RFID 读写器天线用来完成 RSSI（received signal strength indication）值和标签识读次数的测量，RSSI 值指的是接收的信号强度指示，链接的质量可以以此来判定；标签读写次数是 RFID 系统性能测试中的一个重要测量参数。

该检测平台采用校准的方式对激光测距传感器和 RFID 读写器天线进行量值溯源，以保证测量结果的精确性与统一性。所谓校准，是指在规定的条件下，为确定测量系统或测量仪器所显示的量值与相应的由计量标准所复现的量值之间关系的一组操作。

RFID 系统在线检测平台是在两种不同轨道材质的环境下进行测试的，环形轨道左右两侧都分别安装了激光测距传感器，因此，要分别对这两个传感器进行校准。我们采用的是江苏省计量科学研究院的校准结果，该院是国家法定计量检定机构，通过了中国合格评定国家认可委员会的认可，出具的数据均可溯源至国家计量基准，技术依据为 JJG 966—2010《手持式激光测距仪检定规程》。

由校准证书可知，在温度为 20.4℃、相对湿度为 55%的校准环境下，左侧激光测距传感器量值溯源的结果如表 4.3 所示。

表 4.3　左侧激光测距传感器示值误差

受校点/m	1	2	3	4	5
示值误差/mm	+2	+1	−2	−3	−3

左侧激光测距传感器示值误差校准结果的扩展不确定度为 U=1mm（k=2）。

由校准证书可知，在温度为 20.6℃、相对湿度为 54%的校准环境下，右侧激光测距传感器量值溯源的结果如表 4.4 所示。

表 4.4 右侧激光测距传感器示值误差

受校点/m	1	2	3	4	5
示值误差/mm	0	−3	−2	−4	−5

右侧激光测距传感器示值误差校准结果的扩展不确定度为 U=1mm（k=2）。

RFID 在线检测系统采用 Larid A9028 天线，是匹配 Impinj 读写器性能较好的远场天线。经测试，其主要性能指标可以达到增益为 9.0dBic，驻波比为 1.5∶1，波束宽度为 60°。该天线是超高频圆极化天线，所以要分别对左旋天线和右旋天线进行校准。我们采用中国计量科学研究院的校准结果，该院是国际计量委员会《国家计量基（标）准和国家计量院签发的校准与测量证书互认协议》的签署成员，经过亚太计量规划合作组织同行评审后的测量和校准能力在国际计量局关键比对数据库（KCDB）中公布，是国家法定计量检定机构，检定和校准资格获得国家质量监督检验检疫总局授权，校准的技术依据为《1～18GHz EMC 喇叭天线校准作业指导书》[102]。

由校准证书可知，在温度为 23.7℃、相对湿度为 38%的校准环境条件下，RFID 右旋圆极化天线在 900MHz 附近的增益为 6.7～6.8dBi，校准结果的不确定度 Gain U=0.7dB；在温度为 23.7℃、相对湿度为 38%的校准环境条件下，RFID 右旋圆极化天线在 900MHz 附近的增益为 6.2～6.5dBi，校准结果的不确定度 Gain U=0.7dB。证书中的校准结果都可以溯源至复现（SI）单位的中国国家计量基准，不确定度的评估和表述均符合 JJF 1059（等同于 ISO、GUM）的要求[103]。

4.4.7 RFID 识读距离间接测距算法设计

本平台采用间接测量的方式测量识读范围，可分为单标签系统间接测距法和多标签系统间接测距法两种。识读距离间接测距算法是 RFID 系统在线检测平台的两大核心算法之一。

1）单标签系统间接测距法

传送带按顺时针方向运转，单个包装箱从左边传送带开始，沿传送带向龙门架移动，此时包装箱的运动方向与激光束方向相反，调整激光测距传感器，使激光光束瞄准货物包装箱上的反射板，两者处于同一水平线上，定义测距传感器光束与龙门架所在平面的交点为参考点 R，如图 4.39 左侧所示。由于龙门架上的三个 RFID

天线和参考点的位置是相对固定的，因此，两者之间的距离是一定值，设天线到参考点的距离依次为 H_1、H_2 和 H_3。设反射板到参考点 R 的距离为 B_1，激光传感器到参考点 R 的距离为固定值 B_0，反射板到激光传感器的距离为 S（测量得出），则 $B_1 = S - B_0$。设 RFID 天线到 RFID 标签的距离值分别为 S_1、S_2 和 S_3，由于激光束垂直于龙门支架所在的平面，所以根据勾股定理，可以计算出 RFID 天线到 RFID 标签的距离值分别是 $S_1 = (H_1^2 + B_1^2)^{\frac{1}{2}}$，$S_2 = (H_2^2 + B_1^2)^{\frac{1}{2}}$，$S_3 = (H_3^2 + B_1^2)^{\frac{1}{2}}$。

　　经过弯道后，包装箱继续沿着传送带向另一个龙门架移动，此时包装箱的运动方向与激光束方向相同，调整激光测距传感器，使激光光束瞄准货物包装箱上的反射板，两者处于同一水平线上，定义测距传感器光束与龙门架所在平面的交点为参考点 R′，如图 4.39 右侧所示。由于龙门架上的三个 RFID 天线和参考点的位置是相对固定的，因此两者之间的距离是一定值，设天线到参考点的距离依次为 H_1'、H_2' 和 H_3'。设反射板到参考点 R′ 的距离为 B_1'，激光传感器到参考点 R′ 的距离为固定值 B_0'，反射板到激光传感器的距离为 S'（测量得出），则 $B_1' = B_0' - S'$。设 RFID 天线到 RFID 标签的距离值分别为 S_1'、S_2' 和 S_3'，由于激光束垂直于龙门架所在的平面，所以根据勾股定理，可以计算出 RFID 天线到 RFID 标签的距离值分别是 $S_1' = (H_1'^2 + B_1'^2)^{\frac{1}{2}}$，$S_2' = (H_2'^2 + B_1'^2)^{\frac{1}{2}}$，$S_3' = (H_3'^2 + B_1'^2)^{\frac{1}{2}}$。

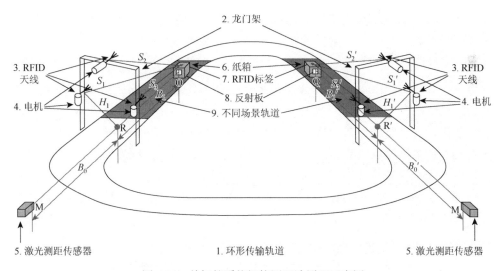

图 4.39　单标签系统间接测距法原理示意图

2）多标签系统间接测距法

　　多标签系统间接测距算法指的是多个贴有电子标签的包装箱堆叠在一起，通过装有 RFID 天线的龙门架时，采用间接测距法测量这些电子标签的平均识读范围，即多标签系统几何中心到 RFID 天线的距离。多标签系统间接测距法中的几何中心取代了单标签系统间接测距法中电子标签的地位。类似地，我们将反射板置于多标签系统的几何中心 M，多标签系统从左边传送带开始，沿传送带向龙门架移动，其运动方向与激光束方向相反，如图 4.40 所示。调整激光测距传感器，使激光光束瞄准几何中心上的反射板，两者处于同一水平线上，定义测距传感器光束与龙门架所在平面的交点为参考点 R。由于龙门架上的三个 RFID 天线和参考点的位置是相对固定的，因此两者之间的距离是一定值，设天线到参考点的距离依次为 H_1、H_2 和 H_3。设反射板到参考点 R 的距离为 B_1，激光传感器与参考点 R 之间的距离为固定值 B_0，反射板与激光传感器之间的距离为 S （测量得出），则 $B_1 = S - B_0$。设 RFID 天线到几何中心的距离值分别为 S_1、S_2 和 S_3，由于激光束垂直于龙门架所在的平面，所以根据勾股定理，可以计算出 RFID 天线到几何中心的距离值分别是 $S_1 = (H_1^2 + B_1^2)^{\frac{1}{2}}$， $S_2 = (H_2^2 + B_1^2)^{\frac{1}{2}}$， $S_3 = (H_3^2 + B_1^2)^{\frac{1}{2}}$。

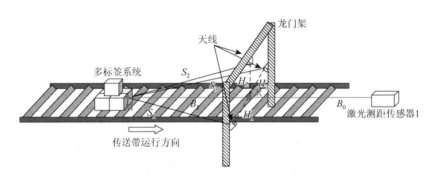

图 4.40　多标签系统间接测距法原理示意图（左侧）

当多标签系统经过弯道进入另一侧传送带时，继续沿着传送带向另一个龙门架移动，此多标签系统的运动方向与激光束方向相同，如图 4.41 所示。调整激光

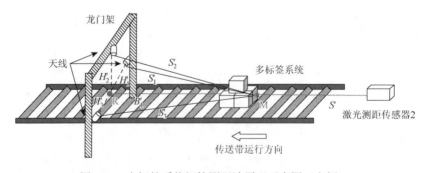

图 4.41　多标签系统间接测距法原理示意图（右侧）

测距传感器，使激光光束瞄准几何中心上的反射板，两者处于同一水平线上，定义测距传感器光束与龙门架所在平面的交点为参考点 R'。由于龙门架上的三个 RFID 天线和参考点的位置是相对固定的，因此两者之间的距离是一定值，设天线到参考点的距离依次为 H_1'、H_2' 和 H_3'。设反射板到参考点的距离为 B_1'，激光传感器到参考点 R' 的距离为固定值 B_0'，反射板到激光传感器的距离为 S'（测量得出），则 $B_1' = B_0' - S'$。设 RFID 天线到几何中心的距离值分别为 S_1'、S_2' 和 S_3'，由于激光束垂直于龙门支架所在的平面，所以根据勾股定理，可以计算出 RFID 天线到几何中心的距离值分别是 $S_1' = (H_1'^2 + B_1'^2)^{\frac{1}{2}}$，$S_2' = (H_2'^2 + B_1'^2)^{\frac{1}{2}}$，$S_3' = (H_3'^2 + B_1'^2)^{\frac{1}{2}}$。

关于几何中心的定义，根据多标签系统的几何外形而有所不同。一般地，我们把电子标签所组成图形的中心定义为整个多标签系统的几何中心。例如，如果电子标签组成的几何图形为圆形，则圆心就是这个多标签系统的几何中心，如图 4.42（a）所示；如果电子标签组成的几何图形为正方形，则正方形的重心就是这个多标签系统的几何中心，如图 4.42（b）所示；如果电子标签组成的几何图形为五角星形，那么五角星的中心就是这个多标签系统的几何中心，如图 4.42（c）所示。

(a) 圆形几何外形及其几何中心示意图　　　　(b) 正方形几何外形及其几何中心示意图

(c) 五角星形几何外形及其几何中心示意图

图 4.42　不同图形几何外形及其几何中心示意图

采用上述间接测距算法，理论上可以准确地测量出电子标签（或几何中心）到读写器天线的识读距离，但是由于现实测试环境中存在许多诸如环境干扰、操作不当等不可控因素，势必会在测试结果中引入偶然误差，使得单次测量的识读距离具有可大可小的不确定性，从而影响整个检测系统的可靠性与稳定性。

为了解决这一问题，我们采取多次测量取平均值的方式来确保识读范围测量的可靠性与稳定性。因为大量的偶然误差将服从统计规律，测量值在其真值附近起伏变化，通过增加测试次数，可以有效地减少偶然误差，对同一个标签重复进行 N 次识读距离的测量，这 N 个识读距离的算术平均值就最接近真值，即该电子标签的识读范围。在 RFID 在线检测系统中，我们令 $N=10$，具体算法描述如下：

RFID 读写器在各个天线之间"轮询"，扫描是否有 RFID 标签进入 RFID 天线的辐射场。一旦检测到 RFID 标签进入 RFID 天线的辐射场，RFID 传感器便产生一个跳变信号，并通过串口通信的方式将该信号传送给光束正对物品运动方向的测距传感器 1，同时设定传送带顺时针循环计数器初始值 $N_1=10$。测距传感器 1 被跳变信号触发后即开始测量 RFID 天线到 RFID 标签之间的距离值，并将测量值存储在测控模块对应的内存中。RFID 标签前后 10 次进入 RFID 天线辐射场，获得 10 个测量值，依次存储在测控模块的对应内存中。10 次顺时针循环传输结束后，将存储在测控模块内存中的 10 个测量值求和后除以 10，获得平均距离值 L_1。然后设定传送带逆时针循环计数器初始值 $N_2=10$，测距传感器 2 测量并按照平均距离值 L_1 的计算方式获得平均距离值 L_2。将平均距离值 L_1 和平均距离值 L_2 定义为 RFID 天线两侧的最大识读距离，则它们之间的范围即为识读范围。算法流程图如图 4.43 所示。

4.5　多材质 RFID 动态检测系统

RFID 系统在实际应用环境中，如酒类标签防伪、进出库存取、图书档案管理等，存在各种环境因素对前向链路和后向散射链路的影响，使得 RFID 标签信息无法被正常读取，常见的影响因素是 RFID 标签附着物的材质和输送带的材质，如 PVC 皮带、碳钢滚筒等。RFID 标签多参数动态检测系统可以完成在模拟的多材质环形输送带环境下高精度检测 RFID 标签的多种参数。该测量系统机电软结合，具有测试准确、自动化程度高等特点，对研究 RFID 系统性能测试具有重要的现实意义。目前，国内已在输送线环境下对 RFID 标签测试进行了相关研究，但尚没有专门针对多材质输送线环境对 RFID 系统的影响的研究和系统设计。普通的输送线检测系统不能实现在多材质输送带环境下对 RFID 标签性能进行测试。

多材质环形输送带环境下 RFID 标签多参数动态检测系统能够实现在多材质输送带影响下对 RFID 标签读取性能的测试。该测量系统机电软结合，具有测试准确、自动化程度高等特点，对研究 RFID 系统性能测试具有重要的现实意义。

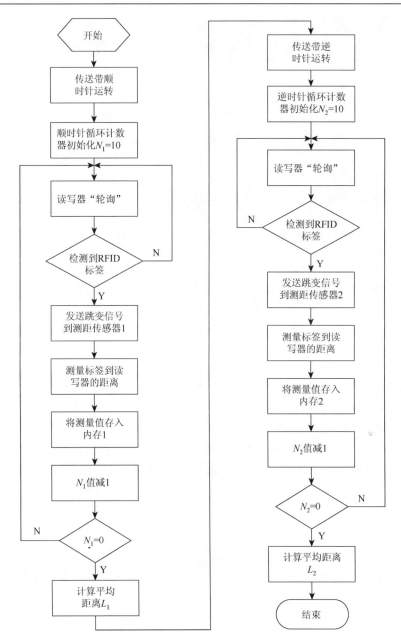

图 4.43　RFID 系统在线检测平台测控算法流程图

4.5.1　RFID 标签多参数动态检测系统结构

RFID 标签多参数动态检测系统的方案如图 4.44 所示。

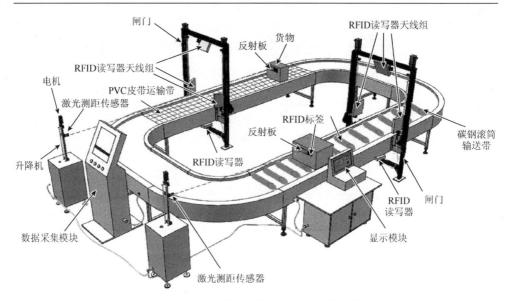

图 4.44　RFID 标签多参数动态检测系统方案图

该系统包括以下五个模块：

（1）环形输送带模块：环形输送带由 PVC 皮带、碳钢滚筒两段输送带组成，在环形输送带上放置安装有反射板的货物，RFID 标签贴附在反射板上，设定环形传输带传输速度，环形输送带以逆时针方向运行，货物以一定的速度在环形输送带上先通过 PVC 皮带输送带，再通过碳钢滚筒输送带。

（2）RFID 天线组和读写器组模块：在 PVC 皮带输送带上架设闸门，闸门上安装有 RFID 读写器和 RFID 读写器天线组；在碳钢滚筒输送带上架设另一闸门，闸门上同样安装有 RFID 读写器和 RFID 读写器天线组，当货物通过输送带时，闸门上的 RFID 读写器天线组检测到 RFID 标签，RFID 读写器就会发送跳变信号给激光测距传感器。

（3）激光测距传感器模块：由电机带动升降机调整激光测距传感器高度，使激光测距传感器光束指向反射板，测量反射板与激光测距传感器之间的距离。

（4）数据采集模块：货物通过 PVC 皮带输送带时，当激光测距传感器接收到 RFID 读写器发送的跳变信号，便启动激光测距传感器，并测量反射板与激光测距传感器之间的距离 S，距离参数示意图如图 4.45 所示。根据 $R=|S-L|$ 计算反射板到参考点的距离，并记录 RFID 读写器接收的信号强度指示 RSSI，S 为反射板到激光测距传感器之间的距离，L 为激光测距传感器到参考点之间的距离，参考点为 RFID 读写器天线组的几何中心，参考点位置如图 4.46 所示。

（5）显示模块：该模块显示当货物通过各段输送带时，RFID 读写器实时测量到的接收的信号强度指示 RSSI 和反射板到参考点的距离 R。

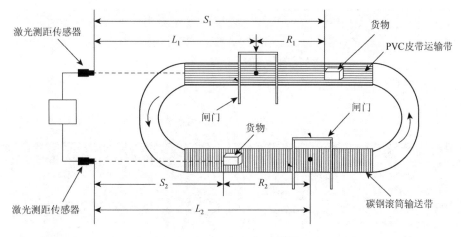

图 4.45　距离参数示意图

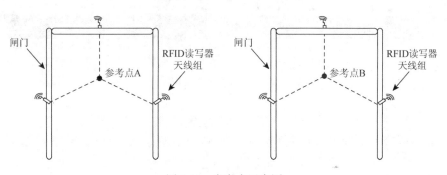

图 4.46　参考点示意图

4.5.2　测试流程

RFID 天线选用 Larid A9028 远场天线，最大识读距离约为 15m。RFID 读写器选用美国 Impinj 公司的 Speedway Revolution R420 超高频读写器。测距传感器选用德国 Wenglor 公司的 X1TA101MHT88 型激光测距传感器，该传感器测量距离范围为 50m。

货物通过 PVC 皮带输送带时，如图 4.47（a）所示，当激光测距传感器接收到 RFID 读写器发送的跳变信号时，就会启动激光测距传感器，并测量出反射板与激光测距传感器之间的距离 $S_1 = 5\text{m}$，激光测距传感器到参考点 A 之间的距离为固定值，$L_1 = 2.15\text{m}$。计算反射板到参考点 A 的距离 $R_1 = 5\text{m} - 2.15\text{m} = 2.85\text{m}$，并记录 RFID 读写器接收的信号强度指示 $RSSI_1 = -37\text{dB}$，参考点 A 为 RFID 读写器天线组的几何中心。

货物通过碳钢滚筒输送带时，如图 4.47（b）所示，当激光测距传感器接收到 RFID 读写器发送的跳变信号时，就会启动激光测距传感器，并测量出反射板与激光测距传感器之间的距离 $S_2 = 1.6\text{m}$，激光测距传感器到参考点 B 之间的距离为固定值，$L_2 = 4.3\text{m}$。计算反射板到参考点 B 的距离 $R_2 = 4.3\text{m} - 1.6\text{m} = 2.7\text{m}$，并记录 RFID 读写器接收的信号强度指示 $RSSI_2 = -42\text{dB}$，参考点 B 为 RFID 读写器天线组 B 的几何中心。

(a)　　　　　　　　　　　　　　　　　(b)

图 4.47　初步测试实物图

显示模块显示当货物通过 PVC 皮带输送带时，RFID 读写器实时测量到的接收的信号强度指示 $RSSI_1$ 和反射板到参考点 A 的距离 L_1；当货物通过碳钢滚筒输送带时，RFID 读写器实时测量到的接收的信号强度指示 $RSSI_2$ 和反射板到参考点 B 的距离 L_2。

4.5.3　系统实现流程

RFID 系统在线检测平台包括 RFID 测量系统平台和激光测距系统平台两部分。

1. RFID 测量系统平台

1）进入系统

点击桌面上 "RFID READER" 快捷图标，运行软件，进入图 4.48 所示的界面，输入用户名、密码后，按回车键进入系统，如图 4.49。

2）相关参数设置

进入系统后进入图 4.49 所示的界面，点击菜单 "设置" 可对 RFID 天线的发射功率、IP 地址、输出端口、标签数据等参数进行设置，同时对天线的位置参数进行设置，以便计算 RFID 标签识读的有效距离，如图 4.50。

图 4.48　系统登录界面

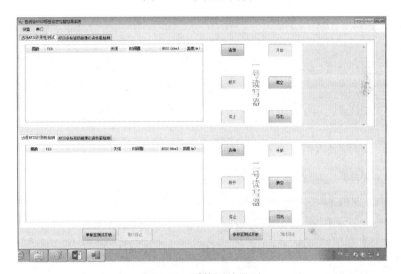

图 4.49　系统测试界面

图 4.50　天线相关参数设置

3）读写器连接

进入系统后进入图 4.49 所示的界面，可以选择分别对读写器 1 和读写器 2 进行连接，点击"连接"按钮，右侧下拉列表中显示 IP 址并且"开始"按钮变为可用时，表示连接成功，如图 4.51 所示。

图 4.51　读写器连接成功界面

4）单标签测量

点击图 4.51 中"单标签测试开始"，系统将开始测试 RFID 标签。点击右上角的"开始"，就可以开始测试操作。达到预设的测试次数后，读写器会自动停止，并且显示测试报告，如图 4.52 所示。

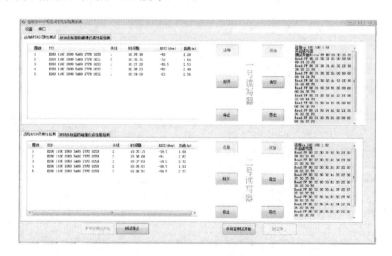

图 4.52　单标签测量结果

5）多标签测量

点击图 4.51 中"多标签测试开始"，系统将开始测试 RFID 标签。点击右上角的"开始"，就可以开始测试操作。达到预设的测试次数后，读写器会自动停止，并且显示测试报告，如图 4.53 所示。

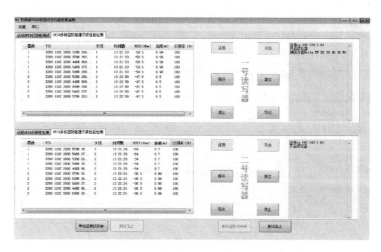

图 4.53　多标签测量结果

6）导出数据

当一个测试完毕，点击图 4.52 或图 4.53 所示的界面中的导出按钮，如图 4.54 所示，选择下载目录，输入文件名，就可以导出相应的测试数据了。

图 4.54　导出结果

7）清空数据

点击图 4.52 或图 4.53 所示的界面中的"清空"按钮，则会清空测试数据。

8）断开读写器

点击图 4.52 或图 4.53 所示的界面中的"断开"按钮，断开成功后，"断开"按钮不可用。

2. 激光测距系统

打开"激光测距系统"控制器电源，系统自动运行，与上位机软件通过串口通信，自动监控带有 RFID 标签的包装箱，当接收到 RFID 测量系统传来的触发信号，就开始计算 RFID 天线到 RFID 标签的有效距离。

1）串口设置

点击图 4.49 所示界面的系统菜单"设置"，可选择串口、波特率设置、打开串口、关闭串口，如图 4.55 所示。

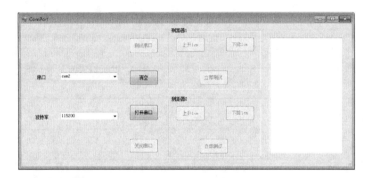

图 4.55　串口设置

2）串口测试

如图 4.56，单击"测试串口"或"立即测试"按钮，可实现串口测试功能，主要用于验证串口是否能够正常通信，当系统不能正常工作时，需要此功能来排除错误。

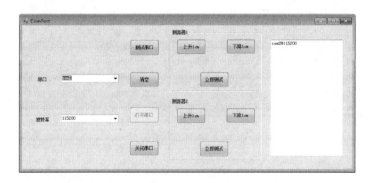

图 4.56　串口测试

3）激光传感器位置调整

如图 4.56，单击"上升 1cm"或"下降 1cm"按钮来实现激光器的升降，调整激光器的光斑，正对目标物体。

4.5.4　单标签性能测试实验

本节采用两种不同类型的电子标签作为样本标签来开展单标签性能测试实验，一种是粘贴型超高频标签，如图 4.57（a）所示；另一种是卡型超高频标签，如图 4.57（b）所示。

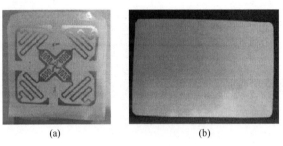

(a)　　　　　　　　　　　(b)

图 4.57　单标签实物图

粘贴型超高频标签的动态性能测试结果如图 4.58 所示，卡型超高频标签的动态性能测试结果如图 4.59 所示。单标签性能测试共测试 RSSI 值和识读距离这两项参数。对比测试结果，我们可以发现，读写器 1 与读写器 2 测试同一电子标签得到的识读距离存在差异，其原因是传送带材质不同导致识读距离有所不同。

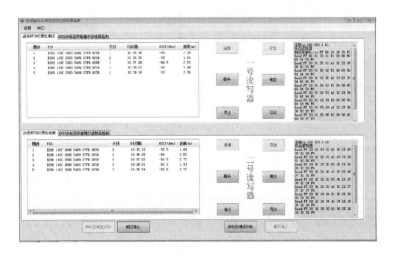

图 4.58　粘贴型超高频标签的性能测试结果

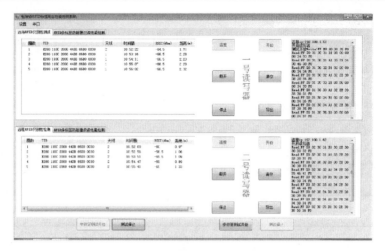

图 4.59　卡型超高频标签的动态性能测试结果

4.5.5　多标签性能测试实验

本次验证测试中的多标签性能测试包括三部分内容，分别是双标签性能测试、五标签性能测试及六标签性能测试（五个实体标签和一个虚拟标签）。

双标签性能测试的标签样本如图 4.60 所示，是两个粘贴型超高频标签组。

图 4.60　双标签性能测试标签样本实物图

双标签性能测试中读写器 1 与读写器 2 参数设置分别如图 4.61（a）、（b）所示，除了读写器 IP、发射功率、测试次数及天线水平垂直等基本参数外，标签数量设置为 2。

双标签性能测试的测试结果如图 4.62 所示。与单标签性能测试相比，双标签性能测试结果存在两点不同：一是测试参数增加了一项"识别率"，用来描述多标签系统防碰撞性能的测试结果，本次实验中的识别率为 100%，表示两个标签都被检测系统成功识别，未发生标签碰撞；二是参数"距离"的测试结果明显变小，由此可见，标签系统的识读范围随标签数量的增加而减小。

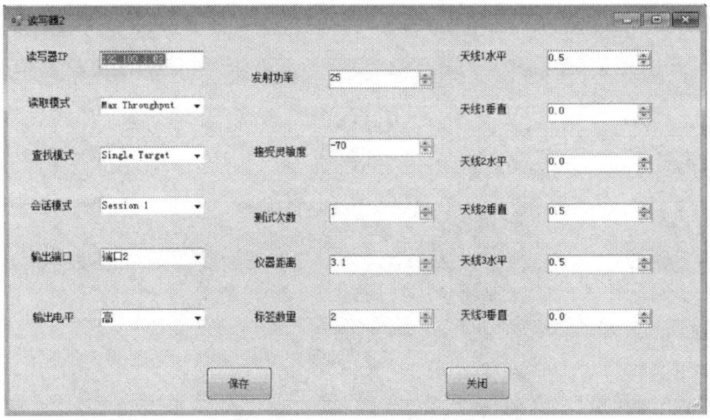

(a)

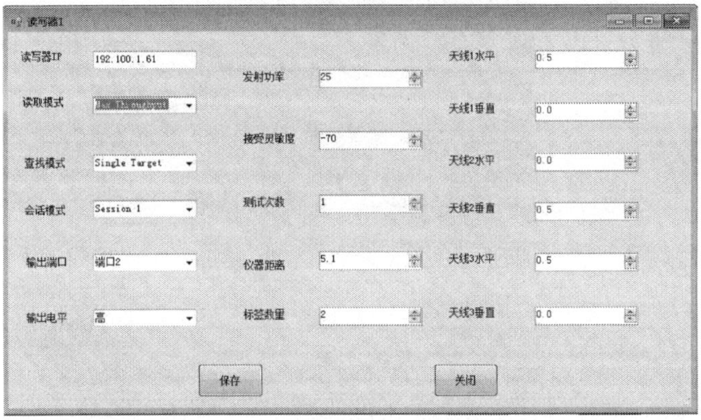

(b)

图 4.61　双标签性能测试读写器参数设置

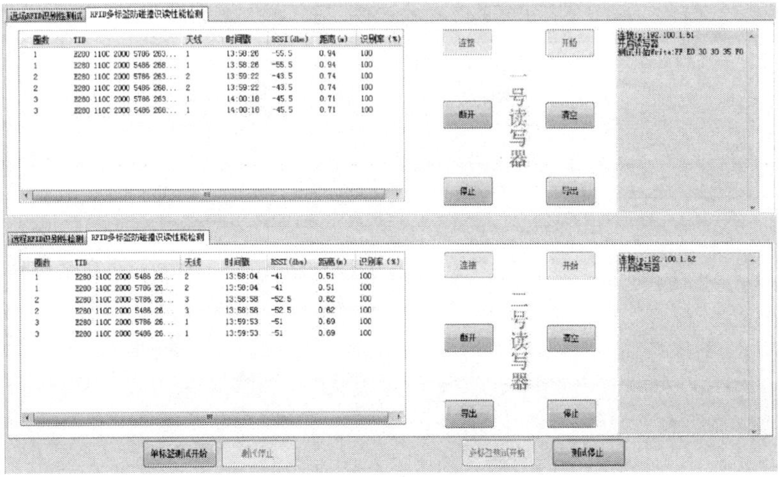

图 4.62　双标签性能测试结果

　　五标签性能测试的标签样本如图 4.63 所示，是五个粘贴型超高频标签组。

　　五标签性能测试中读写器 1 与读写器 2 参数设置如图 4.64 所示，除了读写器 IP、发射功率、测试次数及天线水平垂直等基本参数外，标签数量设置为 5。

图 4.63　五标签性能测试标签样本实物图

图 4.64　五标签性能测试读写器参数设置

　　五标签性能测试的测试结果如图 4.65 所示。本次实验中的识别率为 100%，表示五个标签都被检测系统成功识别，未发生标签碰撞。参数"距离"的测试结果与前述单标签与双标签性能测试的测试结果相比，都明显变小，再次验证了标签系统的识读范围是随标签数量的增加而减小的。

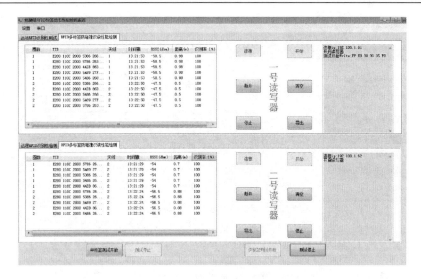

图 4.65　五标签性能测试结果

六标签性能测试的标签样本仍为五个实体标签，如图 4.63 所示，另一个为虚拟标签，这样的标签样本组合可以模拟发生标签碰撞的情景。读写器 1 与读写器 2 参数设置如图 4.66 所示，除了读写器 IP、发射功率、测试次数及天线水平垂直等基本参数外，标签数量设置为 6。

图 4.66　六标签性能测试读写器参数设置

六标签性能测试的测试结果如图 4.67 所示。本次实验中的识别率为 83%，检测系统未能成功识别出虚拟标签，表明发生标签碰撞，验证了多标签性能测试中"识别率"的测试功能。

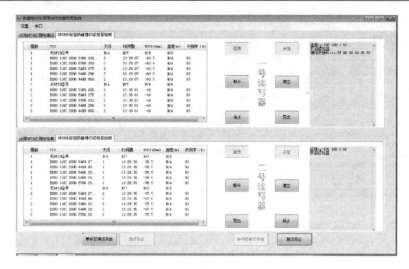

图 4.67　六标签性能测试结果

4.6　特殊非标 RFID 标签空中识别距离检测

4.6.1　SAW RFID 标签

SAW 标签包括压电基片、沉积在基片上的叉指换能器、反射栅和标签天线。SAW RFID 系统工作时，阅读器发射高频查询脉冲，由标签天线接收传输到 IDT，IDT 通过逆压电效应把电信号转换成 SAW 信号，SAW 在基片表面传播时碰到反射栅（阻抗不匹配）产生反射和透射，反射信号由 IDT 通过正压电效应转换成脉冲回波信号，经标签天线发射给阅读器。SAW 标签通过反射栅个数和放置位置进行编码，编码不同，产生的回波信号也就不同[104]。阅读器可以通过接收和处理回波信号来读取标签的编码信息。SAW RFID 系统由声表面波标签和阅读器组成，其结构如图 4.68 所示。本节中研究的 SAW RFID 标签样品及相关原理均由南京航空航天大学自动化学院陈智军副教授提供，特此感谢。

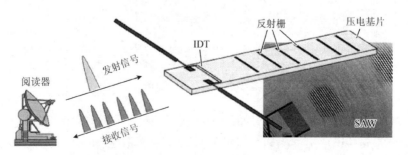

图 4.68　基于声表面波标签的射频识别系统结构图

SAW 标签采用脉冲位置编码方案，反射回波的时延对应着反射栅的编码，而时延由反射栅的位置所决定[105]。标签结构如图 4.69 所示。标签包含一对用于设定有效数据区域范围的起止反射栅和若干数据区。每个数据区又可以细分为多个时隙，时隙即为反射栅可能放置的位置。在每个数据区，可有一个或者多个反射栅。数据区之间、数据区与起止反射栅之间都设立隔离区，隔离区严禁反射栅存在。测试样品标签起始反射栅设置在 1.5μs 处，中间设立 4 个数据区，每个数据区 5 个时隙，宽度 300μm，数据区之间预留 100μm 隔离区，约定每个数据区有且仅有一条反射栅。以编码为 1-3-1-5 为例，数字表示反射栅所在位置，"-" 表示隔离区，即 4 组数据依次代表每个数据区的反射栅位置。

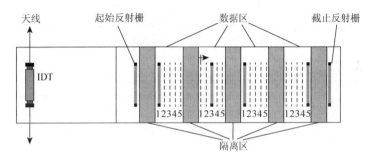

图 4.69　声表面波 RFID 标签结构示意图

SAW RFID 阅读器发射信号为脉冲调制的正弦信号，中心频率 920MHz，脉冲宽度 300ns，发射功率 27dBm。接收电路采用零中频解调方案，发射电路与接收电路共用阅读器天线，并通过收发隔离开关从时序上加以区分。回波信号经过带通滤波与放大后，被 IQ 解调为两路正交信号 I、Q，回波包络 A 和载波相位 ϕ 满足如下公式

$$A = \sqrt{I^2 + Q^2} \tag{4.1}$$

$$\phi = \arctan \frac{I}{Q} \tag{4.2}$$

SAW RFID 采用反射式通信方式，回波能量微弱，容易受到空间噪声的干扰。由于所有有效回波都是同一查询脉冲的反射，即信号波形已知，因此，匹配滤波算法成为信号检测的最佳手段，采用最大相关法求解，构建的已知信号与回波求互相关，回波脉冲能量最大的位置即为反射栅的位置所在。外界环境线性影响回波时延，通过起止反射栅的测量时延与其设计位置，便能确定标签的编码[106]。

4.6.2　SAW RFID 系统原理及相应检测方案设计

在某些特殊场合，如航空航天、高速铁路等，由于环境特殊且电磁干扰比较

强，需要采用一些特殊非标 RFID 标签，如声表面波电子标签识别系统（SAW RFID）。本节针对 SAW RFID 标签空中识别距离检测问题，采用高精度激光传感器和频谱分析仪等仪表结合的方法，设计了一套针对特殊非标 RFID 标签的空中识别距离检测系统[107]。

SAW RFID 系统空中识别距离检测方案如图 4.70 所示。在检测标签空中识别距离时，同时利用频谱仪检测阅读器工作的中心频率、带宽及发射功率（图 4.71）。阅读器的收发隔离开关经射频线连接阅读器天线，阅读器与上位机通过串口相连。标签天线与阅读器天线中心对齐，与平面平行。测距传感器选用 Wenglor 公司的 X1TA101MHT88 型激光测距传感器，该传感器测量距离范围为 0～15m，精度为 2μm。整个检测系统模拟货物进出库步骤，在货物传输带上架设托盘，托盘上放置货物，货物上安装反射板，设定托盘托举高度和货物传输带传输速度，托盘在货物传输带上匀速移动以模拟叉车进出闸门的动作。在货物表面贴上 SAW RFID 标签，在正对货物传输带的一侧安装一个测距传感器，测距传感器光束指向货物进入闸门的方向。货物传输带连同架设托盘向闸门方向运动，贴有 SAW RFID 标签的货物进入 RFID 天线辐射场，与 RFID 天线连接的 RFID 读写器串口发出跳变信号，RFID 读写器通过串口通信的方式将产生的跳变信号发送给测距传感器，启动测距程序，测量测距传感器到反射板的距离值，作为 SAW RFID 标签的最大空中识别距离[108]。实验系统实物图如图 4.72 所示。

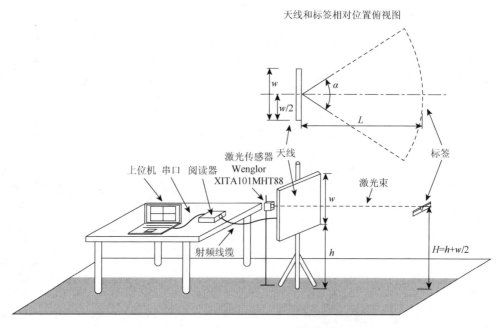

图 4.70　SAW RFID 系统空中识别距离检测方案图

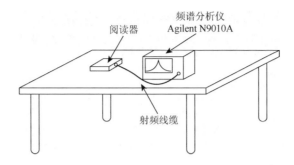

图 4.71　SAW RFID 阅读器性能检测示意图

图 4.72　检测系统实物图

4.6.3　信号处理

图 4.73 显示了 SAW RFID 标签识读距离的检测流程。首先，将托盘安装在传送装置上，并且在托盘上放置附有 SAW RFID 标签的货物。其次，在天线架上安装一个 RFID 读写器和多个 RFID 天线，同时使激光测距传感器的光束对准货物。然后，设定好托盘的运行速度和循环次数，当贴有标签的货物进入天线的识读区域后，天线接收到标签的射频信号，同时，读写器向激光测距传感器发送跳变信号激活测距传感器，从而可以计算得到 SAW RFID 标签的识读距离。最后，托盘运行的循环次数达到设定值后停止运行，将测量的识读距离平均值作为标签的识读距离。

本实验采用间接测量的方式测量 SAW RFID 标签的识读范围。调整光学升降平台，使测距传感器光束瞄准货物上安装的反射板，定义测距传感器光束与闸门所在平面的交点为参考点。设反射板到参考点的距离为 R，测距传感器到参考点的距离为固定值 L，测距传感器到反射板的距离为 S，第 i 个 RFID 天线到参考点

的距离为固定值 Y_i，其中 i 为 RFID 天线的标号，则 $R = S - L$，第 i 个 RFID 天线到 RFID 标签的距离值为 $T_i = (R^2 + Y_i^2)^{\frac{1}{2}}$，$T_i$ 即为闸门入口环境下标签的识读范围。

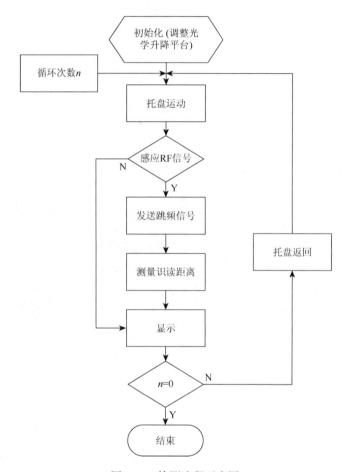

图 4.73　检测流程示意图

4.6.4　检测结果分析

在检测实验中，托盘运动速度为 5m/min。阅读器载波中心频率为 922.5MHz，脉冲宽度为 300ns，脉冲间隔为 10μs，端口发射功率为 27dBm，接收链路增益 80dB。阅读器天线为 D900B1260K 线极化天线，带宽为 26MHz，驻波比 VSWR≤1.4，前后比 F/B＞25dB。标签天线为偶极子天线，频率范围 851～981MHz，增益为 2.13dBi。

利用频谱分析仪测得阅读器发射脉冲功率、载波中心频率和带宽结果如图

4.74 所示。实验测试原始数据见表 4.5，序号 1～5 数据分别对应图 4.74（a）～（e）的测试结果；图 4.74（f）测试结果表明，阅读器工作中心频率为 922.5MHz。

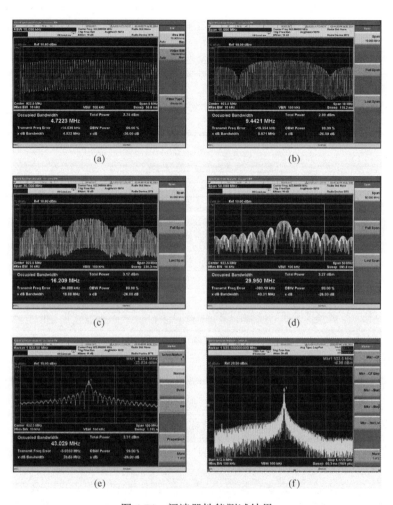

图 4.74　阅读器性能测试结果

表 4.5　阅读器性能测试数据

序号	中心频率/MHz	测量带宽/MHz	发射功率/dBm	OBW99%带宽/MHz
1	922.5	5.00	2.74	4.72
2	922.5	10.00	2.99	9.44
3	922.5	20.00	3.17	16.21
4	922.5	50.00	3.27	29.95
5	922.5	100.00	3.31	43.03

单标签空中识别距离测试结果如表 4.6 所示，双标签同时被激发的最大空中识别距离测试结果如表 4.7 所示。实验表明，SAW RFID 系统最大空中识别距离接近 8m，同时，双标签同时工作时，最大空中识别距离也能达到 5m 以上。实验同时证明，该 SAW RFID 系统具有一定的防碰撞能力。

表 4.6　单标签空中识别距离测试数据

序号	标签编号	最小识读距离/mm	最大识读距离/mm
1	#1	1466	7842
2	#2	1359	7884
3	#3	2202	7866
4	#4	1173	7836

表 4.7　双标签空中识别距离测试数据

序号	标签组编号	最大识读距离/mm
1	#1 和#4	5502
2	#1 和#2	5513

4.7　基于识读距离测量的 RFID 标签方向图测试系统

RFID 系统中的天线非常重要，研究天线主要是为得到天线的相关特性，通过天线方向图可以方便地得到表征天线性能的电参数。对于天线方向图的测量，现阶段一般采用天线波瓣自动记录仪对待测天线进行测量，该方法需要在静态环境中进行，无法对实际环境下的实时天线方向图进行绘制，更无法反映外部电磁干扰对实际系统造成的影响。目前，国内外有很多对 RFID 标签动态性能进行的研究，但均没有在动态环境中对 RFID 标签方向图进行绘制的工作。一种闸门环境下基于识读距离测量的RFID标签方向图动态绘制方法能够通过RFID读写器得到 RFID 标签在三维转台上各个位置的读取距离，进一步转化为 RFID 标签的读取功率，从而绘制出 RFID 标签天线的方向图。该系统在不改变现有仪器布局的前提下对天线识读距离进行快速测量和方向图绘制，可应用于闸门进出库环境下的天线实时测量，使用方便，应用范围广，工作性能稳定可靠，实现方法可移植，是对标准环境下使用特定仪器对天线测量的方法的补充。

4.7.1　测试方案

搭建测试平台[109]：测试平台结构如图 4.75 所示，由 RFID 读写器天线、激光测距仪、光学升降台、闸门、导轨、RFID 标签、三维转台、托盘、控制计算机、RFID 读写器天线构成，四个 RFID 读写器天线位于闸门顶端与两侧，RFID 读写器天线及激光测距仪与 RFID 读写器相连，托盘上放置贴有 RFID 标签的三维转台。

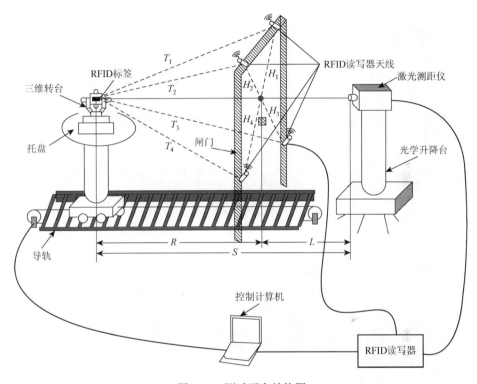

图 4.75　测试平台结构图

（1）确定 RFID 标签粘贴位置后，贴有 RFID 标签的三维转台在导轨上由电机带动向闸门运动，随着三维转台靠近闸门，RFID 标签散射回来的能量达到读写器天线灵敏度时，激光测距仪测量它到反射板的距离值 S，存储于控制计算机中。

（2）由测量得到的激光测距仪到反射板的距离值 S 计算出 RFID 读写器对 RFID 标签的识读距离

$$T = (R^2 + H^2)^{\frac{1}{2}} \tag{4.3}$$

式中，$R = S - L$，为 RFID 标签到闸门的距离，S 为激光测距仪到反射板的距离值，L 为激光测距仪到闸门的距离；H 为激光测距仪与闸门平面的交点到探测到 RFID 标签的天线之间的距离。

（3）RFID 标签识读距离转化公式

$$P_{rx} = \frac{P_{tx}G_x^2\lambda^2\sigma}{(4\pi)^3T^4} \qquad (4.4)$$

式中，P_{rx} 为 RFID 标签识读功率；P_{tx} 为 RFID 读写器天线发射功率；G_x 为 RFID 读写器天线增益；λ 为 RFID 读写器天线工作电磁波波长；σ 为标签天线雷达散射截面 RCS 值；T 为 RFID 读写器对 RFID 标签的识读距离。由式（4.4）将前面步骤计算出的 RFID 读写器对 RFID 标签的识读距离 T 转化为 RFID 标签识读功率 P_{rx}。

（4）将贴有 RFID 标签的三维转台以 θ 为方位角，以 ϕ 为仰角，转动相应角度 (θ,ϕ)，在 N 次测量和计算后，获得角度 (θ,ϕ) 对应的 RFID 标签识读功率。

（5）根据归一化公式

$$P_{rxi} = \frac{P_{rx} - P_{rx,min}}{P_{rx,max} - P_{rx,min}} \qquad (4.5)$$

对获得的角度 (θ,ϕ) 对应的 RFID 标签识读功率进行归一化处理得到角度 (θ,ϕ) 对应的归一化 RFID 标签识读功率，其中 P_{rx} 为第四步骤测得的 RFID 标签识读功率；$P_{rx,max}$ 为不同角度 RFID 标签识读功率中的最大值；$P_{rx,min}$ 为不同角度 RFID 标签识读功率中的最小值；P_{rxi} 为归一化的 RFID 标签识读功率。

（6）以三维转台转动角度 θ 为方位角，以 ϕ 为仰角，以获得的角度 (θ,ϕ) 对应的归一化 RFID 标签识读功率 P_{rx} 为半径，在极坐标系中绘制出 RFID 标签方向图。

4.7.2　验证结果分析

RFID 标签采用超高频电子标签——Impinj H47；RFID 读写器采用 Impinj Speedway Revolution R420 读写器，最大射频输出功率为 30dBm；RFID 读写器天线采用 LAIRD S9028R30NF 超高频天线，增益为 9.0dBi，频率为 915MHz，工作波长 $\lambda = c / f = 3.0 \times 10^8 / 9.15 \times 10^8 = 0.328\text{m}$。

确定 RFID 标签粘贴位置后，贴有 RFID 标签的三维转台在导轨上由电机带动向闸门运动，随着三维转台靠近闸门，RFID 标签散射回来的能量达到读写器天线灵敏度时，激光测距仪测量它到反射板的距离值 S，存储于控制计算机中。由以上步骤测量得到的激光测距仪到反射板的距离值 S，计算出 RFID 读写器对 RFID 标签的识读距离 T。由 RFID 标签识读距离转化公式将计算出的 RFID 读写器对 RFID 标签的识读距离 T 转化为 RFID 标签识读功率 P_{rx}。将贴有 RFID 标签的三维转台以 θ 为方位角，以 ϕ 为仰角，转动相应角度 (θ,ϕ)，重复以上步骤，在 N 次测量和计算后，获得角度 (θ,ϕ) 对应的 RFID 标签识读功率。RFID 标签识读功率归一化步骤，根据归一化公式对上一步获得的角度 (θ,ϕ) 对应的 RFID 标签识读功率进行归一化处理得到角度 (θ,ϕ) 对应的归一化 RFID 标签识读功率，由所有角度 (θ,ϕ) 对应的归一化 RFID 标签识读功率绘制出表，见表 4.8。

表 4.8　归一化 RFID 标签识读功率

P_{rx}　ϕ ／ θ	0	$\pi/18$	$\pi/9$	$\pi/6$	$2\pi/9$	$\cdots$	2π
0	0.066	0.065	0.063	0.062	0.060	$\cdots$	0.061
$\pi/18$	0.126	0.124	0.121	0.120	0.122	$\cdots$	0.121
$\pi/9$	0.152	0.151	0.150	0.148	0.149	$\cdots$	0.151
$\pi/6$	0.162	0.165	0.164	0.161	0.164	$\cdots$	0.165
$2\pi/9$	0.153	0.154	0.150	0.152	0.151	$\cdots$	0.152
$\cdots$	$\cdots$	$\cdots$	$\cdots$	$\cdots$	$\cdots$	$\cdots$	$\cdots$
2π	0.070	0.066	0.068	0.064	0.066	$\cdots$	0.068

以三维转台转动角度 θ 为方位角、ϕ 为仰角，以获得的角度 (θ,ϕ) 对应的归一化 RFID 标签识读功率 P_{rx} 为半径，在极坐标系中绘制出 RFID 标签方向图，如图 4.76 所示。图中只作出 RFID 标签方向图 E 面和 H 面，左图为 RFID 标签方向图 E 面，右图为 RFID 标签方向图 H 面。

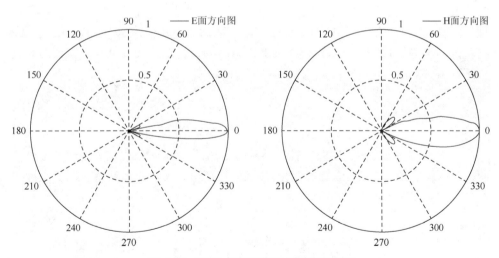

图 4.76　RFID 标签在极坐标下的方向图

激光测距仪到闸门的距离 L=1m，激光测距仪到反射板的距离值 S=3m，RFID 标签到闸门的距离 $R = S - L$ =2m，激光测距仪与闸门平面的交点到探测到 RFID 标签的天线之间的距离 H=2m，RFID 读写器对 RFID 标签的识读距离 $T = (R^2 + H^2)^{\frac{1}{2}} =$

$(2^2 + 2^2)^{\frac{1}{2}} = 2.8\text{m}$。

识读距离转化公式 $P_{\text{rx}} = \dfrac{P_{\text{tx}} G_{\text{x}}^2 \lambda^2 \sigma}{(4\pi)^3 T^4}$，其中 $P_{\text{tx}} = 30\text{dBm}$，$G_{\text{x}} = 9\text{dBi}$，$\lambda = 0.328\text{m}$，

$\sigma = 0.03\text{m}^2$，$T = 2.8\text{m}$，则 RFID 标签识读功率 $P_{\text{rx}} = \dfrac{P_{\text{tx}} G_{\text{x}}^2 \lambda^2 \sigma}{(4\pi)^3 T^4} = -32\text{dBm}$。

归一化公式 $P_{\text{rxi}} = \dfrac{P_{\text{rx}} - P_{\text{rx,min}}}{P_{\text{rx,max}} - P_{\text{rx,min}}} = \dfrac{-32 - (-50)}{-30 - (-50)} = 0.9$，其中 $P_{\text{rx}} = -32\text{dB}$，$P_{\text{rx,max}} = $

-30dB，$P_{\text{rx,min}} = -50\text{dB}$。

由所有角度 (θ, ϕ) 对应的归一化 RFID 标签识读功率绘制出表 4.8，表中第一列为角度 θ，第一行为角度 ϕ，其他部分为 (θ, ϕ) 对应的归一化 RFID 标签识读功率。

4.8　用于 RFID 标签测试的温度控制系统

RFID 系统在实际应用环境中，常会受到各种环境因素的干扰，由于阈值电压漂移、传输延迟时间超长、噪声容限变差等原因，RFID 标签可能被识读或识读性能变差，常见的影响因素如环境温度、湿度等。目前，已有利用高低温测试箱针对 RFID 标签固有特性（方向图、谐振频率等）进行静态测试的相关研究，但无法对 RFID 标签的动态指标（识读率、识读距离等）进行测试。用于 RFID 标签测试的温度控制系统可以完成在模拟的不同环境温度下高精度检测 RFID 标签的识读距离。该测量系统机电软结合，具有测试准确、自动化程度高等特点，对研究实际环境下的 RFID 系统性能测试具有重要的现实意义[110]。

4.8.1　系统结构

用于 RFID 标签测试的温度控制系统方案如图 4.77 所示。该系统包括温度控制模块、输送带、RFID 读写器天线、RFID 读写器以及激光测距传感器。温度控制系统的实物图如图 4.78 所示。

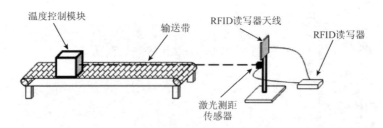

图 4.77　温度控制系统方案图

图 4.78　温度控制系统实物图

每个模块的功能包括：

（1）温度控制模块。如图 4.79 所示，RFID 标签贴附于塑料箱内壁；温度探头连接温度控制器的测温端口，温度探头悬空置于塑料箱内部；开关电源连接温度控制器的电源端口；半导体加热片和半导体制冷片均匀分布于除标签所在塑料箱内壁之外的其他内壁，半导体加热片连接温度控制器的加热输出端口，半导体制冷片连接温度控制器的制冷输出端口。温度控制模块的实物如图 4.80 所示。

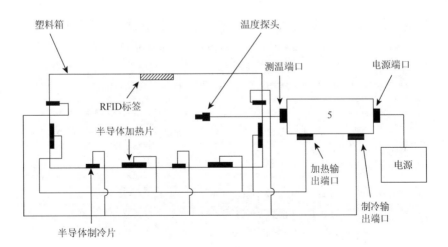

图 4.79　温度控制模块结构图

图 4.80　温度控制模块实物图

（2）输送带模块。温度控制模块放置在输送带上，输送带带动温度控制模块向 RFID 读写器天线移动。

（3）测距模块。RFID 读写器天线连接 RFID 读写器，同时，RFID 读写器连接激光测距传感器。激光测距传感器位于 RFID 读写器天线下方，激光测距传感器发出的光束指向塑料箱，当 RFID 读写器天线识别出 RFID 标签时，便启动激光测距传感器，测量激光测距传感器与塑料箱之间的距离。

4.8.2　测试流程

RFID 天线选用 Larid A9028 远场天线，最大识读距离约为 10m；RFID 读写器选用美国 Impinj 公司的 Speedway Revolution R420 超高频读写器；测距传感器选用德国 Wenglor 公司的 X1TA101MHT88 型激光测距传感器，该传感器测量距离范围为 15m；温度控制器采用 XH-W2024 型温度控制器；半导体加热片采用 X9-J3030型直流半导体加热片，半导体制冷片采用 TEC1-12710 型半导体制冷片；开关电源采用 X273 型开关电源；塑料箱采用介电常数较小的聚四氟乙烯板制成。该温度控制的 RFID 标签识读距离测试流程如下：

在温度控制器上设定所需温度，当温度低于设定温度时，温度控制器启动半导体加热片，对塑料箱内部进行加热；当温度高于设定温度时，温度控制器启动半导体制冷片，对塑料箱内部温度进行制冷。

选取 20～70℃中 11 组温度下的标签进行测试，温度控制器控制半导体加热片和半导体制冷片对塑料箱内部进行加热或制冷，测量各组温度下的标签识读距离，由测得的数据得到的散点图如图 4.81 所示。图中横坐标表示测试温度，纵坐标表示标签识读距离值。已知测试温度与标签识读距离倒数的平方成正比，以测试温度为横坐标、标签识读距离倒数的平方为纵坐标，作出散点图及其拟合线如图 4.82 所示。

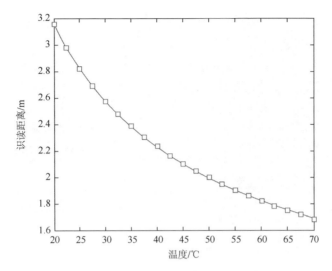

图 4.81　定标温度的识读距离散点图及其拟合

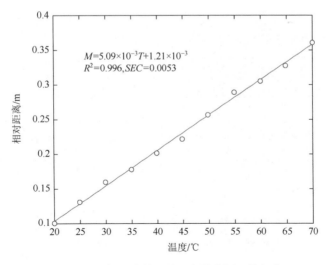

图 4.82　定标温度的相关距离散点图及其拟合

从测量得到的数据可以看出，随着温度的升高，测量得到的激光测距器与塑料箱之间的距离随之减小，即 RFID 标签的识读距离在一定的温度范围内会随着温度的升高而降低。因此，在实际应用中，一定要注意 RFID 标签的环境温度，特别是在 RFID 读写器与 RFID 标签距离固定时，当环境温度超出一定的范围后，RFID 标签可能会无法被读取。

4.9　本章小结

　　本章在半物理环境下基于光电传感器设计与实现了一系列 RFID 动态性能检测系统。针对单品级、托盘级和包装级的 RFID 测试环境，本章设计了相应的 RFID 动态性能检测系统，并介绍了系统的架构以及实现流程。面对多材质、特殊非标、不同温度等特殊情况，本章也设计出了对应的 RFID 检测系统，同时还提出了基于识读距离测量的 RFID 标签方向图测试方案。本章研究为典型物联网环境下 RFID 动态性能检测提供了理论、方法、设计与实例，也为 RFID 检测机构和产品研发企业提供了实验室规划设计方案。

第5章 物联网环境下 RFID 动态检测的半物理实验验证研究

本章在物联网环境下基于光电传感器对 RFID 系统进行动态数据采集和评估，并对影响 RFID 识读性能的因素如金属、液体、标签运动速度等进行理论分析和半物理实验验证。

5.1 金属对 RFID 识读性能影响的研究

RFID 系统在实际应用环境和测试环境（酒类标签防伪、进出库存取、图书管理等）中，由于各种因素对前向链路和后向散射的影响，电子标签信息无法被正常读取，常见的影响因素包括电子标签附着物的材质（金属、液体等）、读写器天线与电子标签之间的相对速度等。其中，金属对 RFID 系统读取率的影响尤为突出。Lin 等研究了金属对 RFID 性能的影响并设计了环状领结结构天线来满足金属表面 RFID 标签的正常工作[111]；Lin 等同样分析了金属对 RFID 系统的影响并设计了小尺寸环形天线[112]；侯周国等研究了金属标签间距与读取率的关系，发现金属对附近的标签影响很明显，在一定范围内，当间距超过一定距离时，读取率趋于稳定[113]。但以上都是基于金属对 RFID 系统静态性能的影响开展的相关理论和实验研究，因此，开展金属对 RFID 系统动态性能影响的相关研究具有重要的实用意义。本章从 RFID 动态性能检测入手，研究金属对 RFID 系统动态性能的影响，并对干扰影响进行量化和实验评估，为针对性研究如何减少干扰提供一定的参考。

5.1.1 理论分析

对于超高频 RFID 标签来说，最大识读距离是最为重要的性能指标，最大识读距离指的是标签在标准功率的读写器测试下能够被识读的最大距离。超高频 RFID 标签的最大识读距离可以表示为

$$r_{\max} = \frac{\lambda}{4\pi}\sqrt{\frac{P_t G_t G_r \tau}{P_{th}}} \tag{5.1}$$

式中，λ 为自由空间波长；P_t 为读写器输出功率；G_t 为读写器天线增益；G_r 为标签天线增益；P_{th} 为标签芯片的阈值能量；τ 为标签天线与芯片之间的功率传

输系数。

如果标签芯片的阻抗为 $Z_c = R_c + jX_c$，标签天线的阻抗为 $Z_a = R_a + jX_a$，那么功率传输系数 τ 可以表示为

$$\tau = \frac{4R_c R_a}{\left| Z_c + Z_a \right|^2} \quad (0 \leqslant \tau \leqslant 1) \tag{5.2}$$

对于标签天线的增益 G_r，由增益及方向性的定义可得

$$G_r = D_r e_r \tag{5.3}$$

式中，D_r 为标签天线的方向性，e_r 为标签天线的辐射效率。

对于同一个超高频 RFID 测试系统，读写器的输出功率 P_t、读写器天线的增益 G_t、标签芯片的阈值能量 P_{th} 都不会变化。所以，当超高频 RFID 标签贴在金属附近时，标签的最大识读距离主要受标签天线功率传输系数 τ、标签天线方向性 D_r 及标签天线辐射效率 e_r 的影响[114]。

贴附于金属表面的超高频 RFID 被动标签的读取易受金属目标的影响，当标签贴附在金属目标表面时，电磁场在金属平面的边界条件满足式（5.4）

$$\begin{cases} n_0 \times E = 0 \\ n_0 \times H = J \\ n_0 \cdot E = \dfrac{\rho}{\varepsilon_0} \\ n_0 \cdot H = 0 \end{cases} \tag{5.4}$$

式中，n_0 为交界面法线方向的单位向量；E 为电场强度；H 为磁场强度；J 为电流密度；ρ 为电荷密度；ε_0 为真空介电常数。

由式（5.4）可见，磁场在边界面法线方向上的分量近似为 0，并且穿过金属的磁力线在金属表面产生电涡流，损耗了大量能量，并将获取的电磁能量转变为电场能，抑制了原有辐射场的能量，降低了 RFID 系统的辐射场效应，从而使金属对电磁波产生屏蔽作用。同时，涡流自身形成感生磁场，感生磁场的磁力线垂直于金属表面，与原辐射场强方向相反，对原磁场产生很大影响，导致金属表面附近的辐射场强分布发生变化，其磁力线趋于平缓，在金属表面磁力线近似平行于金属表面，使标签无法"切割"磁力线获得能量，标签能量无法达到激活阈值，因此，标签不能正常工作。如图 5.1 所示，图 5.1（a）为没有金属介质影响下标签的读取情况，图 5.1（b）为在金属介质影响下标签的读取情况[115]。

当入射波与金属表面相垂直的时候，大部分入射波被反射，由于反射波与入射波相位正好相差 180°，电场分量在金属表面呈驻波分布，即

$$E_1 = \hat{y} E_m (1 + \mathrm{Re}^{j2k_1 z}) \mathrm{e}^{-jk_1 z} \tag{5.5}$$

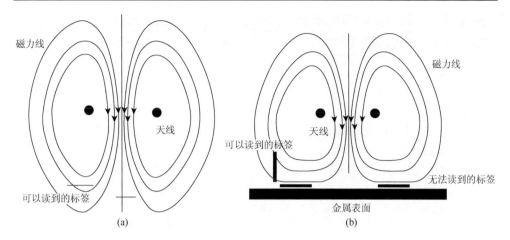

图 5.1　金属介质对感应磁场的影响作用

它的振幅为 e^{-jk_1z} 前面的模值，即

$$|E_1| = E_\mathrm{m}\Big[1 + R^2 + 2R\cos(2k_1z)\Big]^{\frac{1}{2}} \tag{5.6}$$

当电磁波由光疏媒质入射到光密媒质上时，$\eta_1 > \eta_2$，有 $R < 0$，在 $2k_1z = -2n\pi$ $(n = 0, 1, 2, \cdots)$，即 $z = -n\lambda_1/2$ 处，为电场振幅的最小点

$$|E_1| = E_\mathrm{min} = E_\mathrm{m}(1 + R) \tag{5.7}$$

在 $2k_1z = -(2n+1)\pi(n = 0, 1, 2, \cdots)$，即 $z = -(2n+1)\lambda_1/4$ 处，为电场振幅的最大点

$$|E_1| = E_\mathrm{min} = E_\mathrm{m}(1 - R) \tag{5.8}$$

金属表面附近的电场驻波如图 5.2 所示[116]。

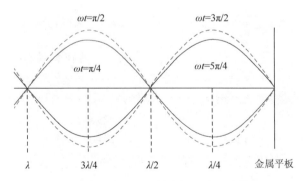

图 5.2　金属表面附近的电场驻波分布模式

如果金属反射面与标签天线间距刚好为射频信号的半波长，总电场会因此削弱；而在 1/4 个波长的位置，总电场将会得到加强。因此，将标签直接贴附在金属体表面时，由于边界条件的影响，标签天线的辐射效率会严重衰减。理论上，

标签天线与金属的距离为半波长的整数倍时，总电场最弱；当间距为 1/4 个波长的奇数倍时，电场增强效果最好，但实际测试并不只与电场强度相关，还会受到各种环境的干扰，与理论值会有相应的误差[117]。

与天线辐射效率及功率传输系数都受到金属边界削弱相比，天线的方向性受到的影响并不大。根据基本的天线原理，对一个偶极子天线而言，金属表面相当于一个平面反射器[118]。偶极子天线只要不是完全贴在金属表面上，那么天线的方向性或增益就比自由空间更高。普通 $\lambda/2$ 偶极子天线和金属平面反射器的距离与天线增益的关系如图 5.3 所示。即使标签距离金属平面很近，标签的增益也是可观的。由于增益是方向性与辐射效率的乘积，而辐射效率在天线非常靠近金属平面时是很小的，则说明当天线贴近金属平面时，天线的方向性仍然比较大。当标签天线距离金属平面 $\lambda/2$ 时，天线的增益减小至零。从电场的驻波分布图可知，天线在距离金属平面 $\lambda/2$ 处辐射效率几乎为零[119]。

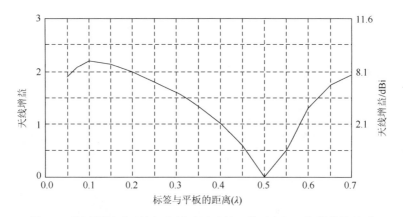

图 5.3　普通偶极子天线与金属平面反射器的距离与天线增益的关系

从天线辐射方向图的角度来说，偶极子标签天线在金属表面的性能变化也反映在辐射方向图上。金属板越大，天线的主瓣就越窄，而且瓣的数目会随着标签与金属表面的距离的增加而增加。如图 5.4 所示，普通偶极子天线处于金属表面不同高度时，天线的辐射方向图是不同的。当天线距离金属表面 $\lambda/32$ 与 $\lambda/4$ 时，天线都是一个主瓣，且增益都比自由空间大；当天线距离金属表面 $\lambda/2$ 时，天线的瓣数变为 2，且法线方向上天线的增益衰减比较严重。辐射方向图与天线方向性具有较好的一致性[120]。

5.1.2　金属与标签距离对 RSSI 和 RFID 读取次数的影响

金属对标签距离实验分为金属侧放和正放实验。侧放实验示意图如图 5.5（a）

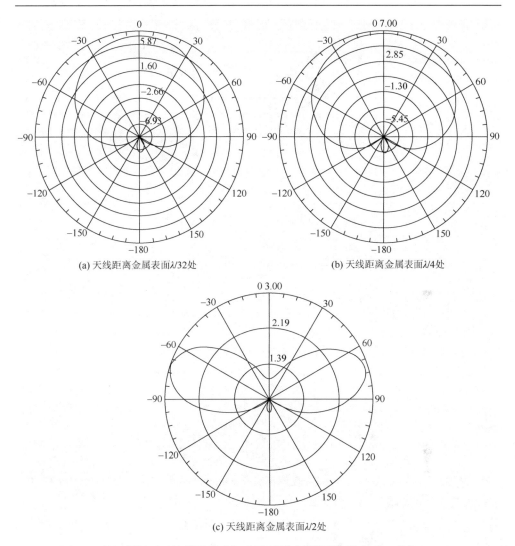

(a) 天线距离金属表面λ/32处

(b) 天线距离金属表面λ/4处

(c) 天线距离金属表面λ/2处

图 5.4　普通偶极子天线增益模式与金属平面反射器距离的关系（单位：dBi）

所示，实验采用铝板侧放、标签正放，即铝板平面法线与读写器天线辐射方向成
90°夹角，标签正对读写器辐射方向。正放实验示意图如图 5.5（b）所示，标签平
面平行于金属表面。

　　实验结果如图 5.6 所示，结果表明，随着金属与标签距离的增大，RSSI 并没
有出现明显的波动，即铝板侧放时，距离对 RSSI 的影响可以忽略。

　　在正放实验中，采用对信号影响可以忽略的纸制品作为隔离架将标签垫高，
控制隔离架的高度，即逐渐增大金属与标签之间的距离，正放距离对读取次数的
影响如图 5.7 所示。

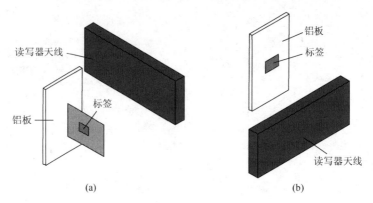

图 5.5　铝板、标签、天线位置示意图

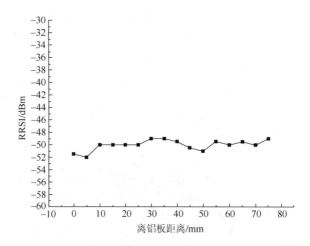

图 5.6　侧放距离对 RSSI 的影响

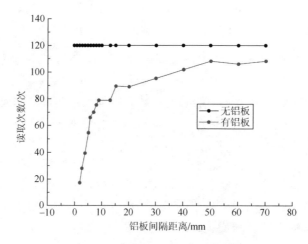

图 5.7　正放距离对读取次数的影响

结果表明,随着正放铝板与标签之间距离的增加,RFID 读取次数也随之增多,特别是 0～10mm 时,随着距离的增大,读取次数急剧增多;20mm 之后增多趋势减缓,但读取次数仍少于无铝板的情况,即随着距离的增大,正放铝板涡流对标签的影响也随之减小,但仍有影响。这也证明了金属对标签读取的影响不仅使标签无法切割磁感线,而且也具有减弱原有射频场强和改变标签天线性能的作用。

5.1.3　金属与标签距离对 RFID 识读距离的影响

实验采用如图 4.20 所示的 RFID 动态测试平台。选择 5 个具有代表性的 RFID 标签粘贴位置做标签粘贴最优位置实验,详细位置分布如图 5.8 所示,实验发现 RFID 标签在测试位置 2 时的识读距离最优,因此实验验证选择位置 2 作为标签粘贴位置。

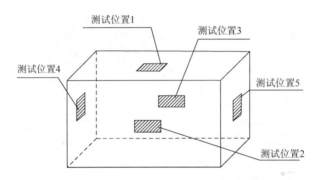

图 5.8　RFID 标签粘贴位置示意图

测试位置 2:正对激光测距仪;测试位置 3:背对激光测距仪

在位置 2 进行金属对标签识读距离影响的实验。在最佳位置放上金属后,用介电常数较小的材料逐渐加大金属与标签间的距离(图 5.9),测试不同距离下 RFID 标签的识读距离,绘制识读距离随标签到金属距离变化的关系曲线。

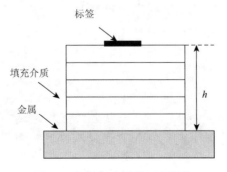

图 5.9　标签与金属的距离调整

在最优位置（位置 2）处测试识读距离与标签金属相对距离之间的关系，可得到标签识读距离-标签与金属间距关系曲线，如图 5.10 所示。

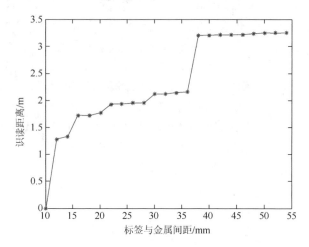

图 5.10　识读距离-标签与金属间距关系曲线

由图 5.10 可知，当金属与标签之间距离为 0～10mm 时，识读距离为 0，RFID 标签不能在金属物体上正常工作。在 12～38mm 时，随着标签与金属间距的增大，识读距离也开始增大，到 40mm 的位置时，识读距离逐渐趋于平稳，即标签受到金属的影响可忽略。

5.1.4　结果讨论与分析

对于标签粘贴的理想介质，理论信号最大位置在 1/4 位置，但由于金属介质对电磁场的涡流等效应，标签信号最大位置偏离理想值。因此，实验中测得的金属标签间距与识读距离之间的关系与理想介质理论分析结果存在一定的差异。上述研究结果表明，金属对 RFID 动态性能的影响很大，当标签附着于金属表面或距离金属很近时，标签读取性能很差，甚至无法正常工作。针对以上情况，需要对 RFID 系统进行特殊设计或采用特殊标签，以使其可以在金属环境中应用。因此，可以采取以下四种解决措施：

（1）用电池给标签供电，使之变成有源 RFID 标签。

（2）采用吸波材料，克服金属的反射效果。电磁波在材料中的衰减可对相关的电磁参数 (ε, μ) 作合理的设计和选择，从而满足匹配和得到材料的高吸收性能。

（3）使用立体标签。对 RFID 标签表面施加隔离层或隔离架将标签垫高，随着标签远离金属介质，与金属介质表面不平行的磁力线逐渐增多，这样标签就可以更好地切割磁力线获取能量，减少金属的边界条件影响，实现更高的读取率。

（4）采用特殊的结构设计，使电子标签能有效防止金属对射频信号的干扰。例如，贴片天线（或称微带天线）由于其天线结构需要接地平面，可以将金属表面作为其接地平面，从而可以用来实现抗金属标签天线的设计。

5.2　液体对 RFID 识读性能影响的研究

5.2.1　理论分析

对于超高频 RFID 标签，最大识读距离是非常重要的参数。

在前向链路上，有 Friis 自由空间的传输方程[121]

$$\frac{P_a}{P_t} = G_t G_r \left(\frac{\lambda}{4\pi d} \right)^2 \tag{5.9}$$

式中，λ 为空间波长；P_t 为读写器输出功率；G_t 为读写器天线增益；G_r 为标签天线增益；P_a 为标签天线接收功率；d 为读写器到标签的距离。

P_c 为通过标签芯片接收的功率

$$P_c = P_a \tau \tag{5.10}$$

当 τ 为标签天线与芯片间的阻抗匹配系数时，可以得到

$$\tau = \frac{4 R_a R_c}{\left| Z_a + Z_c \right|^2} \quad (0 \leqslant \tau \leqslant 1) \tag{5.11}$$

式中，$Z_a = R_a + jX_a$ 为标签天线阻抗，$Z_c = R_c + jX_c$ 为标签芯片的阻抗，为了更大限度地接收能量，天线阻抗通常匹配芯片的高阻抗状态；τ 的最大值为 1。

由式（5.9）与式（5.10），标签芯片接收的功率可以表示为

$$P_c = P_t G_t G_r \tau \left(\frac{\lambda}{4\pi d} \right)^2 \tag{5.12}$$

为了激活标签芯片，芯片的接收能量必须大于芯片的阈值能量 P_{th}

$$P_c \geqslant P_{th} \tag{5.13}$$

联系式（5.12）与式（5.13），可以得出

$$d \leqslant \frac{\lambda}{4\pi} \sqrt{\frac{P_t G_t G_r \tau}{P_{th}}} \tag{5.14}$$

因此，在前向链路上标签能够被激活的最大距离为

$$r_{max1} = \frac{\lambda}{4\pi} \sqrt{\frac{P_t G_t G_r \tau}{P_{th}}} \tag{5.15}$$

在反向链路上，由于标签天线的反向散射辐射出去的功率是

$$P_{back} = \frac{P_r G_r}{4\pi d^2} \cdot \frac{\lambda^2}{4\pi} G_t^2 \cdot K \quad (5.16)$$

当 K 为阻抗匹配因子，可以给出

$$K = 4R_a^2 / |Z_a + Z_c|^2 \quad (5.17)$$

读写器天线接收的能量为

$$P_{re-radiated} = K P_a G_r \quad (5.18)$$

由于读写器同样存在对最小信号的敏感度问题，反向链路的最大识别距离 r_{max2} 为

$$r_{max2} = \left(\frac{P_r G_r^2 G_t^2 \lambda K}{(4\pi)^4 P_{receive.th}} \right)^{\frac{1}{4}} \quad (5.19)$$

式中，$P_{receive.th}$ 是读写器接收功率的最小灵敏度阈值。

因此，RFID 系统间的读取距离由式（5.15）及式（5.19）决定，取

$$r = \min(r_{max1}, r_{max2}) = \min\left\{ \left(\frac{P_r G_r^2 G_t^2 \lambda K}{(4\pi)^4 P_{receive.th}} \right)^{\frac{1}{4}}, \frac{\lambda}{4\pi} \sqrt{\frac{P_t G_t G_r \tau}{P_{th}}} \right\} \quad (5.20)$$

由于超高频读写器的接收灵敏度一般都足够高，RFID 系统间的识读距离主要由标签能够被激活的前向链路的最大距离来决定，即

$$r = \frac{\lambda}{4\pi} \sqrt{\frac{P_t G_t G_r \tau}{P_{th}}} \quad (5.21)$$

对于标准的读写器及其天线，P_t 和 G_t 的乘积表征的是有效辐射功率（ERP 或 EIRP），据各地区的不同协议标准，其规定的最大 EIRP 即 ERP 也各自不同，多数值处于 0.5～4W，我国工业和信息化部发布的《800/900MHz 频段射频识别（RFID）应用规定（试行）》的有效辐射功率 ERP=2W，美国规定的有效辐射功率 ERP=4W。芯片灵敏度阈值 P_{th} 为−10～−5dBm。因此，标签的最大读取距离由标签天线的增益 G_r 和功率传输系数 τ 来决定。

电解质溶液在电磁场频率为 900MHz 时，介电常数较高，射频场中高介电常数的介质可以改变天线的性能，影响标签天线的阻抗匹配，导致标签芯片与天线失谐，使得标签天线的功率传输系数 $\tau < 1$，且 τ 随着标签与介质间距离的减小而减小。本实验中，由于标签与 NaCl 溶液瓶保持固定距离，所以 τ 近似为一定值[122]。

当电解质溶液具有较高的电导性时，标签天线接近其表面，受到电磁感应的作用，在导电的电解质溶液内部会形成感应电流，即涡电流，这样就将获取的电磁能量转变为自身的电场能和热量，所以原有射频场强的总能量受到减弱，从而

降低了射频场效应。此外，电解质溶液将成为标签天线边界条件的一部分，使得标签天线辐射远场区方向图发生变化，标签天线的辐射效果及获取能量的能力受到影响。因此，随着电解质溶液电导性的提高，在其附近，标签的天线增益 G_r 相应降低[123]。

在本实验中，靠近标签的 NaCl 溶液是各向同性的，其中介电常数为 ε，磁导率为 μ，电导率为 σ。根据电磁波传播的一般波动方程，当电磁波从空气入射到 NaCl 溶液的表面时，可以给出 NaCl 溶液的电场 $\vec{E}''$

$$\vec{E}'' = \vec{E}_0'' e^{i(\vec{k}'' \cdot \vec{x} - \omega t)} = \vec{E}_0'' e^{-\alpha z} e^{i(\beta z - \omega t)} \tag{5.22}$$

当 $\vec{E}_0''$ 为 NaCl 溶液电场的振幅，ω 为角频率，α 为衰减系数，β 为相位，可以得到

$$\alpha = \beta = \sqrt{\frac{\omega \mu \sigma}{2}} \tag{5.23}$$

在电场的影响下，NaCl 溶液中的自由电荷运动形成涡流。电流可以产生焦耳热，这会导致电磁能量损失。根据焦耳定律的微分形式，可以给出 NaCl 溶液中的电流密度[124]

$$\vec{j} = \sigma \vec{E}'' \tag{5.24}$$

每单位体积的 NaCl 溶液的平均功率消耗为

$$\begin{aligned}
p &= \frac{1}{2} R_e(\vec{j} \cdot \vec{E}''^*) = \frac{1}{2} R_e(\sigma \vec{E}'' \cdot \vec{E}''^*) \\
&= \frac{1}{2} R_e \left[\sigma \vec{E}_0'' e^{-\alpha z} e^{i(\beta z - \omega t)} \cdot \vec{E}_0'' e^{-\alpha z} e^{-i(\beta z - \omega t)} \right] \\
&= \frac{1}{2} \sigma E_0''^2 e^{-2\alpha z}
\end{aligned} \tag{5.25}$$

设该溶液的高度为 l，单位面积的功率是

$$p = \int_0^l p \, ds = \frac{1}{2} \sigma E_0''^2 \int_0^l e^{-2\alpha z} dz \tag{5.26}$$

$$\int_0^l e^{-2\alpha z} dz = -\frac{1}{2\alpha}(e^{-2\alpha l} - 1) \approx \frac{1}{2\alpha} \tag{5.27}$$

单位表面积的功率为

$$p = \frac{\sigma E_0''^2}{4\alpha} \tag{5.28}$$

由菲涅耳公式及边界条件方程，在介质界面上的传输系数 T 为

$$T = \frac{\vec{E}_0''}{\vec{E}_0} = \frac{2\eta_2}{\eta_2 + \eta_1} \tag{5.29}$$

当 η_1 和 η_2 为固有阻抗，$\eta_2 = \sqrt{\dfrac{\mu_2}{\xi_2}}$，$\eta_1 = \sqrt{\dfrac{\mu_1}{\xi_1}}$，$\xi_1$ 为空气的介电常数，μ_1 为空气磁导率，ξ_2 为 NaCl 溶液的介电常数，μ_2 为 NaCl 溶液的磁导率。

平均入射功率密度为

$$\langle S \rangle = \frac{1}{2}\text{Re}[E \times H^*] = \frac{\vec{E}_0^2}{2\eta_1} \tag{5.30}$$

令标签与 NaCl 溶液表面的距离为 R，根据天线理论，在表面的标签天线的平均功率密度为

$$\langle S \rangle = \frac{P_{\text{re-radiated}}}{4\pi R^2} = \frac{K P_a G_r}{4\pi R^2} \tag{5.31}$$

由式（5.29）、式（5.30）与式（5.31），可以算出 $\vec{E}_0''$

$$\vec{E}_0''^2 = \frac{2\eta_1 \eta_2^2 K P_a G_r}{(\eta_1 + \eta_2)^2 \pi R^2} \tag{5.32}$$

令 NaCl 溶液瓶的半径为 r，根据式（5.23）与式（5.28），可以计算出 NaCl 溶液表面的总能量消耗为

$$We = p \times s = \frac{\sigma \vec{E}_0''^2}{4\alpha} \times 2\pi r l = \frac{\sigma \vec{E}_0''^2}{4\sqrt{\dfrac{\omega\mu\sigma}{2}}} \times 2\pi r l \tag{5.33}$$

当标签靠近 NaCl 溶液时，标签天线的增益 G_r' 降低。$G_r' = e'D'$，当 D' 为标签天线的最大方向性，e' 为标签天线的辐射效率，则可算出 G_r'

$$G_r' = \frac{G_r(P_{\text{re-radiated}} - We)}{P_{\text{re-radiated}}} \tag{5.34}$$

在 NaCl 溶液环境下的最大识读范围是

$$d = \frac{\lambda}{4\pi}\sqrt{\frac{P_t G_t \tau \left(G_r - \sqrt{\dfrac{2\sigma}{\omega\mu}} \cdot \dfrac{\eta_1 \eta_2^2 G_r r l}{(\eta_1 + \eta_2)^2 R^2}\right)}{P_{\text{th}}}} \tag{5.35}$$

式（5.35）是将式（5.34）代入式（5.21）计算得到的。

5.2.2 实验步骤

1）标签的安装

实验采用如图 4.20 所示的 RFID 动态测试平台。NaCl 溶液的动态性能检测系统的设计方案如图 5.11 所示，被测试标签的安装如图 5.12 所示。标签固定在塑料直尺上，与 NaCl 溶液瓶保持固定的距离，直尺另一端固定在纸箱上。由于标签

被贴附于电解质溶液表面时，溶液内部的涡电流形成的感应磁场会对原磁场产生很大影响，导致在电解质溶液表面的射频场强分布发生变化，其表面磁力线近似平行。因标签天线无法"切割"读写器天线辐射射频磁场的磁力线，标签不能获得电磁能量而激活，因此标签不能被识别，所以标签须与 NaCl 溶液瓶保持一定的距离。NaCl 溶液的动态性能检测系统实物图如图 5.13 所示。

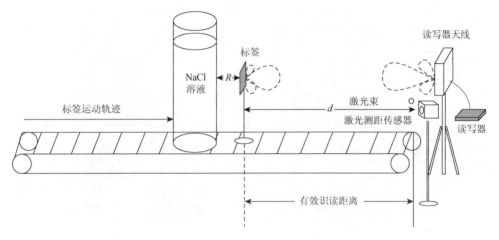

图 5.11　NaCl 溶液的动态性能检测系统的设计方案

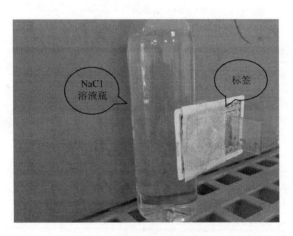

图 5.12　标签的安装

　　被测试标签尺寸是 50mm×50mm×0.03mm，基材材料为普通铜版纸，采用协议是 ISO/IEC 18000-6C，EPC 存储为 96bits，内存容量为 512bits，感应频率为 860～960MHz。使用 RFID 综合测试仪测试该标签的具体性能，测试结果参数见图 5.14。

图 5.13　NaCl 溶液的动态性能检测系统实物图

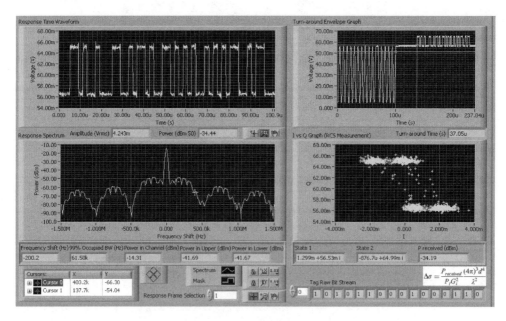

图 5.14　标签性能测试参数

2）读写器天线的安装

读写器天线工作频率为 920～925MHz，物理尺寸 30cm×30cm×4cm，极化方式为圆极化，极化轴比<2dB。最大增益为 4dBi，波束宽度（3dB）为 54°。本系统中读写器天线为悬挂安装，设置其悬挂的转向角度为 30°，高度设为 1m。

3）不同浓度 NaCl 溶液的配置

NaCl 溶液具有导电性，稳定性好，且比较易得，因此本实验中电解质溶液的配置选择 NaCl 溶液。由于 NaCl 溶于水后离解成自由移动的正负离子，存在外加电场时，正离子顺着电场方向、负离子逆着电场方向，分别发生"漂移"运动，即正、负离子一方面做杂乱无章的热运动，一方面分别沿着所受电场力的方向做定向运动，形成电流。电解质溶液电导率与浓度间存在一定关系，18℃下 NaCl 溶液电导率与浓度的关系如表 5.1 所示。

表 5.1　NaCl 溶液浓度与电导性的关系

浓度/(mol/L)	电导率/(S/m)	浓度/(mol/L)	电导率/(S/m)
0.001	0.011	0.1	0.920
0.005	0.052	0.5	4.045
0.01	0.120	1.0	7.430
0.05	0.479	2.0	12.96

4）不同浓度电解质溶液环境下标签性能测试

读写器天线的发射功率设置为 27dBm，接收灵敏度设置为–70dBm，标签和盐水瓶的距离为 1.5cm，温度 18℃，测试 NaCl 溶液浓度从 0.001～2.0mol/L 的条件下标签的最大读取距离。测试结果及拟合曲线如图 5.15 所示。

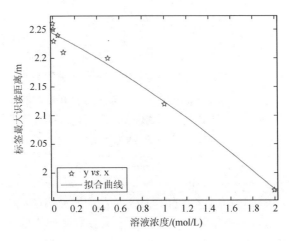

图 5.15　电解质溶液配送环境下标签最大识读距离动态测试数据曲线

5.2.3　结果分析

图 5.15 的实验结果显示，RFID 系统标签的最大识读距离随着电解质溶液浓度的提高而降低。接下来，通过研究标签最大识读距离的具体影响参数来定性、定量地分析电解质溶液环境对标签性能的影响。

本实验中，由于 NaCl 溶液具有导电性，稳定性好，所以实验所选用的典型电解质溶液为 NaCl 溶液。在饱和浓度范围内，随着 NaCl 溶液浓度的增加，NaCl 溶于水后离解成自由移动的正负离子增加，其电导率提高，导致标签的天线增益 G_r 降低，由式（5.35）可知，RFID 系统标签的最大识读距离减小。对于其他电解质溶液，其导电过程亦为导电离子的定向迁移过程，形成持续的电流。所以对于电导率随浓度提高的电解质溶液，其对 RFID 标签识读性能的影响可参照本章实验采用的 NaCl 水溶液。但是，不同电解质溶液热力学性质不同，分成能够完全电离的强电解质溶液和不完全电离的弱电解质溶液。对于其他不同种类的电解质溶液环境下 RFID 标签识读距离实验研究，将在后续工作中完成。

综上所述，对于随着浓度增加，其电导率提高的电解质溶液，其附近标签天线的增益 G_r 随着电导率的提高相应降低，从而导致 RFID 系统标签的最大识读距离减小。

5.3　标签运动速度对 RFID 识读性能影响的研究

5.3.1　理论分析

在物流门禁管理以及 ETC 收费管理等应用场合中，必须要考虑标签的运动速度对系统性能的影响，运动速度决定了系统的效率。读写器能否在有限的读取范围内读取到标签，一方面与读写器的读取周期和读取速率有关，另一方面则与标签的移动速度有关。标签在通过可读区域时的速度是处于某个区间的值，标签出现在可读区域内的时长也是变化的，运动速度影响整个系统的可读性，因为在可读区域的持续时间决定了产品选择相应的通信速率。标签运动速度越快，在同样的时间内，可支持越多的标签通过该区域，数据量也就越大[125]。标签在可读区域内的"驻留"时间不仅与传送速度有关，还与在该区域内的标签所贴附目标的运动"轨迹"相关，文中考虑简单情形，标签沿运动方向做直线运动，如图 5.16 所示。图 5.16 中所示的是 RFID 性能测试场景之一，测试天线悬挂在轨道轴的上方，测试天线为偶极子天线。设天线与标签间的高度为 h，垂直投影点与标签间的距离为 d。由于 RFID 系统的特性约束了标签的最大读取距离为 d_{max}，若要使得标签能够成功读取，三边必须满足 $d_{max} \geqslant \sqrt{h^2 + d^2}$。在辐射场范围内，满足系统最大读取距离的情形下，其标签在辐射场的有效读取长度 d 内能够成功读取。标签以速度 v 移动时，通过该距离的时间为 $\Delta t = d / v$。在该段时间内，读写器能否有效识别标签取决于读写器的性能以及标签的密集程度：①RFID 系统的通信周期。一般 UHF 段为无源标签，因此读写器发送相关查询（Query）指令后，若无标签响应，等待一段时间后再发送指令；若有应答，则进行识别读取。②标签内的有效数据量。目前，一般 EPC 的有效码长为 96～128bits，而且编码的时间参数（如 Tari 值）等影响着通信时长。③RFID 系统的读取速率。由于 RFID 系统通信的目的就是获取标签内的唯一 ID，因此还存在着一定数据量传送，包括指令长度等，整个过程需要一定的时长。

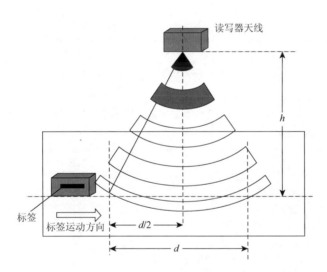

图 5.16　天线辐射场覆盖示意图

5.3.2　实验测试及应用

RFID 系统经常工作在高速公路收费、铁路车号自动识别、供应链和物流管理等环境中，速度影响读写器与电子标签之间的通信，是影响 RFID 系统工作性能的关键因素。Clarke 针对铁路车号自动识别系统对速度的影响进行建模分析[126]；Dobkin 在实验中采用自设平台（台湾晶彩公司的 FS-GM201 超高频无线射频识别读写器和标签）对不同功率下不同速度的 RFID 工作性能进行了研究[127]，研究结果如图 5.17 所示。RFID 读写器和天线间相对速度的变化会影响读取率，但文献中同样说明系统并非速度越低或越高，读取性能就越好，而必须综合考虑到标签进入读写器可读取区域的时间点以及其在读写区域内的停留时间对标签读取率的影响[128]。Griffin 等同样采用了不同的自设平台（CSL461读写器及 5 款不同标签）和不同速率做了相关的工作[129]，实验结果如图 5.18 所示，实验表明：随着速度的增大，标签读取次数快速衰减，其中低速区间表现尤为明显[130]。

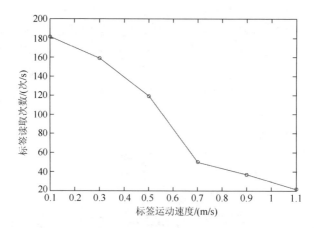

图 5.17　不同功率、不同速度下的读取次数

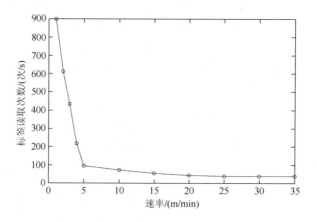

图 5.18　不同速率下标签平均读取次数

5.3.3　实验测试速度对读取次数的影响

实验功率设置为 30dBm，速度分别取 5m/s、10m/s、15m/s、20m/s、25m/s和 30m/s，每个速度正转和反转各运行 10 圈，取平均值。实验结果如图 5.19 所示。

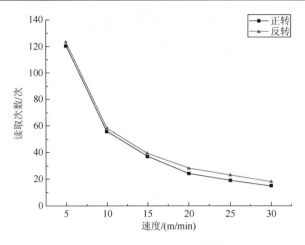

图 5.19　速度对读取次数的影响

图 5.19 中，"—■—"线表示正转，"—▲—"线表示反转。实验结果表明：随着速度的变像，读取次数也随之减小，但减小的趋势慢慢变缓，这可解释为天线辐射扇形面积不可能为 0，因此读写器对标签的读取次数不可能降为 0。实验结论与 Dobkin 和 Griffin 等的研究结论相符。

5.4　天线对 RFID 识读性能影响的研究

5.4.1　天线的极化

天线的极化特性是以天线辐射的电磁波在最大辐射方向上电场强度矢量的空间取向来定义的。目前，读写器天线与标签天线之间极化匹配的重要性还存有争论，而且大多数的标签生产商宣称标签天线的方向性对读取性能的影响很小，天线设计和干扰信号强度决定着天线方向的灵敏度，但是前面已经提到液体和金属对标签的读取性能有一定的影响，甚至在相当距离内决定标签能否被读取。天线极化特性是表征天线在最大辐射方向上电场矢量（幅度和方向）随时间变化规律的度量。极化平面是指当天线旋转时，天线增益保持恒定的平面，极化平面旋转会带来天线增益在各个方向上的变化。收发天线的极化方向不一致时，会导致极化不匹配。RFID 产品应用中，标签大多采用线极化天线，标签天线和读写器天线的位置具有随意性，因而分析和测试中必须考虑到标签与读写器之间的极化效率[131]。

令 $\hat{p}_r$ 和 $\hat{p}_t$ 分别表示线极化的读写器天线和标签天线相对参考绝对极化方向的方位单位矢量，设定读写器天线为参考绝对极化方向，则标签天线与读写器天线之间的极化效率可以表示为

$$\chi_{\text{loss}} = \left| \hat{p}_r \cdot \hat{p}_t \right|^2 = \cos^2 \theta \tag{5.36}$$

假设在接收点，入射波的极化方向与天线极化方向角度为 θ。RFID 系统为了减少因天线极化的不匹配对系统性能产生的影响，确保每个方向上线极化的标签天线均能够接收到相等的功率，读写器通常采用圆极化天线。圆极化天线辐射的电场是水平分量与垂直分量的振幅相等，但相位相差 90°或 270°的正弦电场信号，即两分量正交，而线极化天线只能吸收其中的一个分量，因此也存在着极化损耗[132]。

RFID 系统测试现场布置时，应尽量保证读写器天线和标签天线中心线重合，减少读写器与标签之间的极化损耗。但是由于 UHF 段标签一般采用的是半波偶极子或变形偶极子的线极化天线，在考虑到入射电磁波与天线之间的角度关系以及极化特性时，标签天线接收到的功率变为

$$P_t = P_r G_r(\theta, \phi) G_t(\theta, \phi) \cos^2 \theta \left(\frac{\lambda}{4\pi d} \right)^2 \tau \tag{5.37}$$

式（5.37）表明，仅在改变标签天线与读写器天线间的相对角度时，RFID 系统的最大读取距离与各天线在读取方向上的增益积相关。

读写器的发射天线及标签的接收天线均为线极化时，极化效率为 $\cos^2 \theta$，当极化方向匹配一致时，其极化效率为 1；当二者恰好处于垂直角度时，极化效率为 0。若读写器天线为圆极化，而标签天线线极化时，极化效率为 1/2，并且由于线极化天线只能接收其正交分量中的一个，因此读取距离将减少到理想情况下的 $1/\sqrt{2}$，即读写器天线（圆极化）和标签天线（线极化）间存在 0.5dB 或 3dB 的极化损耗[133]。

Griffin 等针对单个标签的方向性测试。采用所开发的测试平台，调整好线极化的发送天线与接收天线的高度与角度，采用连续发送指令的方式，对符合协议标准的标签进行测试。图 5.20 为标签的前向和反向最大识别距离的计算结果图，结果表明，在布置 RFID 应用时，使天线间的角度正交，将使得系统具有较高的功率转换利用效率。

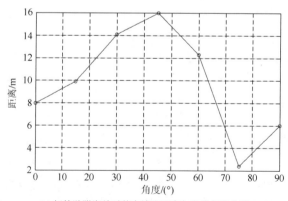

(a) 标签贴附海绵时前向读取距离与天线角度关系(D=0)

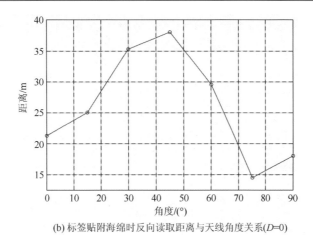

(b) 标签贴附海绵时反向读取距离与天线角度关系($D=0$)

图 5.20　标签贴附海绵时各向读取距离与天线角度关系（$D=0$）

随着新技术的发展，最近又出现了一种双极化天线。就其设计思路而言，一般分为垂直与水平极化和±45°极化两种方式，性能上，一般后者优于前者，因此目前大部分采用的是±45°极化方式。双极化天线组合了+45°和–45°两副极化方向相互正交的天线，并同时工作在收发双工模式下，大大节省了每个小区的天线数量；同时，由于±45°为正交极化，有效保证了分集接收的良好效果（其极化分集增益约为 5dB，比单极化天线提高约 2dB）。

5.4.2　天线的输入阻抗

天线的输入阻抗是天线馈电端输入电压与输入电流的比值。天线与馈线的连接，最佳情形是天线输入阻抗是纯电阻且等于馈线的特性阻抗，这时馈线终端没有功率反射，馈线上没有驻波，天线的输入阻抗随频率的变化比较平缓。天线的匹配工作就是消除天线输入阻抗中的电抗分量，使电阻分量尽可能地接近馈线的特性阻抗。匹配的优劣一般用四个参数来衡量，即反射系数、行波系数、驻波比和回波损耗，四个参数之间有固定的数值关系，使用哪一个纯粹出于习惯。在我们日常维护中，用得较多的是驻波比和回波损耗。一般移动通信天线的输入阻抗为 50Ω。

驻波比是行波系数的倒数，其值在 1 到无穷大之间。驻波比为 1，表示完全匹配；驻波比为无穷大，表示全反射，完全失配。在移动通信系统中，一般要求驻波比小于 1.5，但实际应用中，VSWR 应小于 1.2。过大的驻波比会减小基站的覆盖并造成系统内干扰加大，影响基站的服务性能。

回波损耗是反射系数绝对值的倒数，以分贝值表示。回波损耗的值在　0dB

到无穷大之间，回波损耗越小，表示匹配越差；回波损耗越大，表示匹配越好。0 表示全反射，无穷大表示完全匹配。在移动通信系统中，一般要求回波损耗大于 14dB。

$$VSWR = \frac{\sqrt{发射功率} + \sqrt{反射功率}}{\sqrt{发射功率} - \sqrt{反射功率}} \tag{5.38}$$

正确 IC（integrated circuit）阻抗能减少连接到天线的匹配损耗，使材料基板上天线失谐的影响降到最低。

5.4.3   天线弯曲对 RFID 识读性能的影响

工作在超高频（UHF）频段的 RFID 标签大多采用对称振子天线，且一般贴附于软衬底上。当 RFID 标签贴在各类商品上时，特别是曲面商品（柱面、球面或其他形状）的外包装上时，标签天线难免会出现折叠、弯曲等随形而变的现象。标签结构的扭曲变形在某种程度上往往会改变标签天线的性能，包括天线的方向图及输入阻抗等。尤其对于工作在超高频段的 RFID 系统，所引起的天线性能的变化将对 RFID 系统性能产生不利的影响。

当 RFID 标签天线结构发生弯曲时，天线的方向系数与输入阻抗都会改变。相应地，RFID 系统的工作距离必定产生变化[134]。标签天线在发生弯曲与未弯曲时系统工作距离 (R', R) 的比值可以表示为

$$\frac{R'}{R} = \sqrt{\frac{(1 - |\Gamma_r'|^2)G_r'}{(1 - |\Gamma_r|^2)G_r}} \tag{5.39}$$

式中，G_r 为读写器天线发射天线增益，Γ_r 为天线反射系数，假设标签天线未弯曲时，其输入阻抗与后级 ASIC 匹配电路的输入阻抗完全匹配，$\Gamma_r=0$。

史玉良等研究了振子天线弧形弯曲对系统性能的影响，半波振子弯曲后的功率增益和馈电效率较未弯曲的功率增益的比值随弯曲角度变化分别如图 5.21（a）、（b）所示。图 5.21 表明，馈电效率与增益都随着弯曲角度的增加而衰减。当弧形弯曲的角度近似为 360°时，最小的馈电效率为 0.4，而此时增益也降低了近 20%。另外，随着角度的增加，馈电效率的衰减越来越快，而增益的变化则越发趋于平稳。

Clarke 等测量了 AL-9540 标签不同弯曲角度时的读取最大距离，实验结果如图 5.22 所示，随着弯曲的增大，标签读取距离随之减小，天线弯曲性能退化的主要原因是弯曲造成的阻抗不匹配，因此，弯曲天线设计的主要方向还是如何使弯

曲天线的阻抗相匹配。

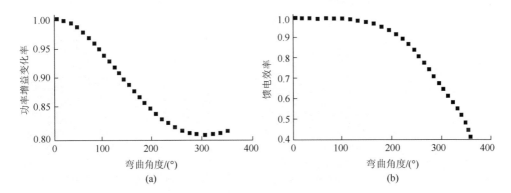

图 5.21　功率增益与馈电效率与弯曲角度关系图

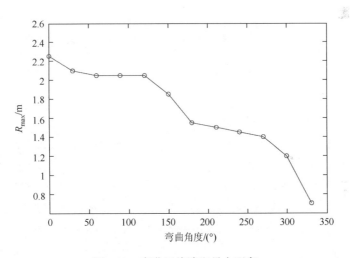

图 5.22　弯曲天线读取最大距离

5.4.4　实验测试标签位置对读取次数和 RSSI 的影响

实验选取 0°、90°、180°、270°四个读写器天线与标签的相对角，在每个角度分别进行 5m/s、10m/s、15m/s、20m/s、25m/s、30m/s 的实验，每个速度运行 10 圈。角度对 RSSI 的影响如图 5.23 所示。

实验结果显示，90°和 270°大致相同，但略有差别，可以解释为角度误差和测量误差的影响；在 180°时，RSSI 最小。实验表明，在相应的角度上离读写器天线越远，其 RSSI 也就越小，这也与标签的能量来源于读写器天线相符合。

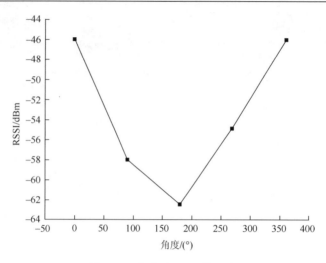

图 5.23　角度对 RSSI 的影响

5.5　RFID 系统识别距离的影响因素

通常，RFID 系统分为无源和有源两大类。由于成本的关系，无源反向散射 RFID 系统更广泛地应用于现实生活当中，并且其识别距离主要受限于整个系统的效率。考虑到 RFID 的应用范围，识别距离成为无源反向散射 RFID 系统最重要的参数之一，而天线特性对整个无源反向散射 RFID 系统的识别距离起着至关重要的作用。

目前，虽然已有许多文献对无源 RFID 系统及其通信进行了研究，但是，这些文献主要是聚焦于标签的性能及其识别距离的增加和优化方面的研究，而全面研究天线各参数对识别距离影响的文献很少。因此，本节将全面分析、阐述天线各参数对无源反向散射 RFID 系统识别距离的影响，以期为优化无源反向散射 RFID 系统及天线设计提供帮助。

在无源反向散射 RFID 系统中，标签工作所需求的能量来源于读写器。所以，需要密切关注读写器和标签之间的无线链路性能如何影响系统的识别距离。通常，读写器的发射功率、天线增益、雷达截面、品质因数、有效孔径、散射孔径和极化、接收机的灵敏度等参数被认为是影响无源反向散射 RFID 系统识别距离的主要因素[135]。

5.5.1　标签天线及芯片接收功率

在距离读写器 R 处的电子标签的功率密度为

$$S = \frac{P_{tx}G_{tx}}{4\pi R^2} = \frac{P_{EIR}}{4\pi R^2} \tag{5.40}$$

式中，P_{tx} 为读写器的发射功率；G_{tx} 为发射天线的增益；R 是电子标签和读写器之间的距离；P_{EIR} 是天线的有效辐射功率，即读写器发射功率和天线增益的乘积。

在电子标签和发射天线最佳对准和正确极化时，电子标签可吸收的最大功率与入射波的功率密度 S 成正比

$$P_{tag} = A_e S = \frac{\lambda^2}{4\pi}G_{tag}S = P_{tx}G_{tx}G_{tag}\left(\frac{\lambda}{4\pi R}\right)^2 \tag{5.41}$$

式中，G_{tag} 为电子标签的天线增益；$A_e = \frac{\lambda^2}{4\pi}G_{tag}$。

无源射频识别系统的电子标签通过电磁场供电，电子标签的功耗越大，读写距离越近，性能越差。射频电子标签是否能够工作也主要由电子标签的工作电压来决定，这也决定了无源射频识别系统的识别距离。

RFID 标签在设计时，会使用共轭匹配的方法来实现标签天线与标签芯片之间的高功率传送。标签与芯片之间的匹配与否可以通过修正反射系数 Γ_m 来实现

$$\Gamma_m = \frac{Z_1 - Z_a^*}{Z_1 + Z_a} \tag{5.42}$$

式中，$Z_a = R_a + jX_a$ 为天线的复数阻抗；$Z_1 = R_1 + jX_1$ 为负载的复数阻抗。

定义功率传输系数 τ 如下

$$\tau = 1 - |\Gamma_m| \quad (0 \leqslant \tau \leqslant 1) \tag{5.43}$$

$$\tau = \frac{4R_1R_a}{|Z_1 + Z_a|^2} \tag{5.44}$$

由式（5.41）可以计算出传送到标签芯片处的功率

$$P_{chip} = P_{tag} \cdot \tau = P_{tx}G_{tx}G_{tag}\left(\frac{\lambda}{4\pi R}\right)^2 \frac{4R_1R_a}{|Z_1 + Z_a|^2} \tag{5.45}$$

可以清楚地看出，提高芯片接收功率和标签识别距离的有效方法是改进标签天线和标签芯片之间的匹配。

定义后向标签散射功率系数 K 为

$$K = |1 - \Gamma_m|^2 = \frac{4R_a^2}{|Z_1 + Z_a|^2} \quad (0 \leqslant K \leqslant 4) \tag{5.46}$$

同样，由式（5.41）也可以计算出标签向后散射的功率

$$P_{back} = P_{tag} \cdot G_{tag} \cdot K = P_{tx}G_{tx}G_{tag}^2\left(\frac{\lambda}{4\pi R}\right)^2 \frac{4R_a^2}{|Z_1 + Z_a|^2} \tag{5.47}$$

由式（5.46）和式（5.47）可知，标签后向散射功率的大小是由标签天线和标

签芯片匹配与否决定的。从表 5.2 和表 5.3 可知，当标签芯片阻抗和天线阻抗匹配时，发送到标签的功率最大。

表 5.2　不同芯片阻抗值对应的功率传输系数

状态	Z_1	Γ_m	τ
短路	0	−1	0
开路	∞	1	0
匹配	Z_a^*	0	1

表 5.3　不同芯片阻抗值对应的向后散射功率系数

状态	Z_1	Γ_m	K
短路	0	−1	4
开路	∞	1	0
匹配	Z_a^*	0	1

既然这样，也可以认为传送到标签芯片的功率和标签后向散射的功率是一致的。而标签接收到的功率越大，表明标签天线的 RCS 越大。

5.5.2　RCS 与识别距离的关系

电子标签返回的能量与它的雷达散射截面（radar cross-section，RCS）σ 成正比，它是目标反射电磁波能力的测量。散射截面取决于一系列参数，例如目标的大小、形状、材料、表面结构、波长和极化方向等。电子标签返回的能量为[136]

$$P_{back} = S\sigma = \frac{P_{tx}G_{tx}}{4\pi R^2}\sigma = \frac{P_{EIR}}{4\pi R^2}\sigma \qquad （5.48）$$

由式（5.48）可知标签 RCS 表达式为

$$\sigma = \frac{\lambda^2 G_{tag}^2 K}{4\pi} \qquad （5.49）$$

电子标签返回读写器的功率密度为

$$S_{back} = \frac{P_{tx}G_{tx}}{(4\pi)^2 R^4}\sigma \qquad （5.50）$$

接收天线的有效面积为

$$A_W = \frac{\lambda^2}{4\pi}G_{rx} \qquad （5.51）$$

式中，G_{rx} 为接收天线增益。

接收功率为

$$P_{rx} = A_W S_{back} = \frac{P_{tx} G_{tx} G_{rx} \lambda^2}{(4\pi)^3 R^4} \sigma \qquad (5.52)$$

识别范围是无源 RFID 标签最重要的特征参数之一，它主要受限于标签刚好能够从读写器获取足够开启功率的最大距离 R_{tag}（可由公式（5.45）得）和读写器能够检测到标签反向散射信号的最大距离 R_{reader}（可由公式（5.52）得），有效识别范围取这两个距离中的较小者，即 $\min(R_{tag}, R_{reader})$。

$$R_{tag} = \frac{\lambda}{4\pi} \sqrt{\frac{P_{tx} G_{tx} G_{tag} \tau}{P_{chip\text{-}th}}} \qquad (5.53)$$

式中，$P_{chip\text{-}th}$ 为标签芯片开启阈值。

$$R_{reader} = \sqrt[4]{\frac{P_{tx} G_{tx} G_{rx} \lambda^2}{(4\pi)^3 P_{rx\text{-}th}}} \sigma \qquad (5.54)$$

式中，$P_{rx\text{-}th}$ 为接收机灵敏度。

雷达截面 σ 是对指定方向的功率散射的度量，它是定量表征目标散射强弱的物理量，其大小取决于一系列参数。雷达截面也是影响无源反向散射 RFID 系统识别距离的一个重要参数。当雷达截面分别为 $\sigma_1 = 0.022\text{m}^2$、$\sigma_2 = 0.256\text{m}^2$，$\sigma_3 = 0.965\text{m}^2$ 时，识别距离随天线频率变化的关系曲线如图 5.24 所示，其中，读写器天线为微带贴片天线，其增益为 G=6dBi。

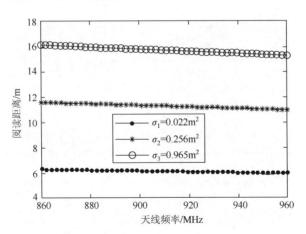

图 5.24　天线雷达截面对识别距离的影响

5.5.3　品质因数 Q 与识别距离的关系

在无源反向散射 RFID 系统中，天线和标签的品质因数不但是影响标签芯片输入电压大小的重要参数，而且也是决定天线反向散射功率大小的重要参数。在无源反向散射 RFID 系统中，假设最小接收功率 $P_{\text{reader-th}}$ 给定，则系统的最大识别距离可以表示为

$$R_{\max} = \frac{\lambda}{4\pi} \left(\frac{P_{\text{tx}} G_{\text{tx}}^2 G_{\text{tag}}^2}{P_{\text{reader-th}}} \right)^{\frac{1}{4}} \left(\frac{1}{1+Q_{\text{ant}}^2} \right)^{\frac{1}{4}} \tag{5.55}$$

式中，Q_{ant} 为标签天线的品质因数。

标签天线品质因数 Q_{ant} 对系统的识别距离的影响如图 5.25 所示。通过使用相对较高的标签芯片品质因数，在标准 CMOS 标签芯片设计过程中就可以克服芯片开启电压的限制，从而增加识别距离。因此，大部分商业标签芯片被设计成具有较高的品质因数，并且其识别距离受限于从读写器获取的反向散射功率的大小。然而，具有相对较低品质因数的标签显示有好的雷达截面，图 5.25 描述了使用具有相对较低品质因数的标签可以增加识别距离。因此，为了优化系统的识别距离，就应该在标签天线品质因数和标签芯片品质因数之间寻找一种平衡。

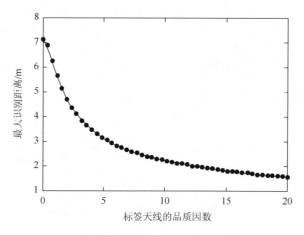

图 5.25　天线品质因数对识别距离的影响

5.5.4　工作频率与识别距离的关系

通常，无源反向散射 RFID 系统在 UHF 频段的典型工作频率为 842.5MHz（中国标准），868MHz（欧洲标准），915MHz（北美标准），922.5MHz（中国标准），953.5MHz（日本标准）；在微波段的典型工作频率为 2.41GHz（中国标准），2.45GHz（其他国家标准）和 5.8GHz，这些频率对应的工作波长分别为 0.356m、0.346m、0.328m、0.325m、0.315m、0.124m、0.122m 和 0.052m。

根据式（5.51）和式（5.52）可知，在天线增益不变的前提下，无源反向散射

RFID 系统的识别距离与其工作波长成正比。通过采用较低的工作频率（UHF 频段），可以增大系统的识别距离。天线工作频率对识别距离的影响如图 5.26 所示，在该图中，标签天线为微带贴片天线，其增益为 $G=6$dBi，图中曲线描述了工作频率分别为 868MHz、915MHz、2.45GHz 和 5.8GHz 时，系统识别距离随读写器天线增益变化的情况。然而，在给定天线尺寸的前提下，天线增益会随工作频率的下降（工作波长的增加）而减小，并且天线增益下降的幅度要比工作波长增加的幅度大，再根据式（5.51）和式（5.52）可知，识别距离会随波长的增加而减小。需要说明的是，通常在给定天线尺寸的前提下，频率或波长的变化不会太大，否则，天线很难在规定的频率范围内取得谐振工作状态[137]。

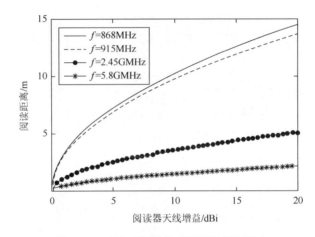

图 5.26　天线工作频率对识别距离的影响

5.6　RFID 多标签系统最优几何分布图形仿真计算与实验验证

基于 Fisher 信息矩阵的标签-读写器最优几何分布模型，选取直角坐标系为多标签系统参考坐标，X-Y 构成的平面为标签与读写器所在平面区域，而 Z 代表该区域内每点对应的 Fisher 信息矩阵行列式归一化值。Z 方向上值的大小决定了该点的读取效率。

5.6.1　Fisher 信息矩阵分布分析

当多标签系统含有 3 个标签时，Fisher 信息矩阵行列式的值为

$$\det[I_r(P)] = \sin^2 A + \sin^2 B + \sin^2 A - B \tag{5.56}$$

具体公式的推导见 3.2.3 节。

对式（5.66）仿真做出的 Fisher 信息矩阵行列式值在标签-目标所在平面区域的分布图如图 3.10 所示。由图 3.10 可以看出，Fisher 信息矩阵行列式值有 8 个最大值点和 9 个最小值点。8 个最大值点包含了 $\left(A=\dfrac{2\pi}{3}, B=\dfrac{\pi}{3}\right)$、$\left(A=\dfrac{4\pi}{3}, B=\dfrac{2\pi}{3}\right)$ 等分布情况，行列式值为 $\dfrac{9}{4}$；9 个最小值点包含了 $(A=0, B=\pi)$、$(A=2\pi, B=\pi)$ 等分布情况，行列式值为 0。

为方便实验，取两组特殊值进行实验验证，标签位置的示意图如图 5.27 所示，分别取 $\left(\phi_1=0, \phi_2=\dfrac{\pi}{3}, \phi_3=\dfrac{2\pi}{3}\right)$ 为行列式极大值（图 5.27（a）），$(\phi_1=0, \phi_2=0, \phi_3=\pi)$ 为行列式极小值（图 5.27（b））。

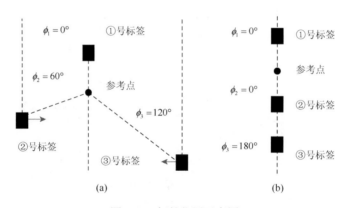

图 5.27　标签位置示意图

由图 5.27 的分布对式（5.56）进行仿真，得到 Fisher 信息矩阵行列式值与标签位置关系三维图，如图 5.28 所示，标签 Fisher 信息矩阵行列式值在图 5.27（a）所示位置达到最大值，在图 5.27（b）所示位置达到最小值，实验角度选择满足行列式在最大值和最小值之间。

5.6.2　实验验证

实验采用图 4.20 所示的托盘级 RFID 测试系统进行。按照图 5.8 中的粘贴方式选出最优位置（位置 2）进行多标签实验验证。

检测方法如下：

（1）系统初始化，把 RFID 标签贴到货物上的各测试位置。

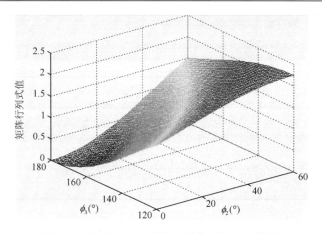

图 5.28　矩阵行列式值与标签位置关系三维图

（2）固定 $\phi_3 = 120°$，令 ϕ_2 在 $[0,60°]$ 变化，测试不同位置的 RFID 标签的识读距离。

（3）固定 $\phi_2 = 0°$，令 ϕ_3 在 $[120°,180°]$ 变化，测试不同位置的 RFID 标签的识读距离。

固定 $\phi_3 = 120°$，令 ϕ_2 在 $[0,60°]$ 变化，和固定 $\phi_2 = 0°$，令 ϕ_3 在 $[120°,180°]$ 变化是为了保证矩阵行列式在最大值和最小值之间变化，同时为方便观察，可做出仿真图，分别如图 5.29（a）、（b）所示。在实验中，根据标签位置示意图（图 5.29），固定①号标签，分别改变②、③号标签相对参考点的角度，使 ϕ_2 在 $[0,60°]$ 变化、ϕ_3 在 $[120°,180°]$ 变化，可分别得到标签识读距离与标签角度变化关系的拟合曲线，分别如图 5.29（c）、（d）所示。

对图 5.29（a）行列式理论值与图 5.29（c）识读距离实验值进行对比分析，可以看出，仿真曲线和实验得到的拟合曲线变化趋势相同，随着③号标签角度 ϕ_3 的

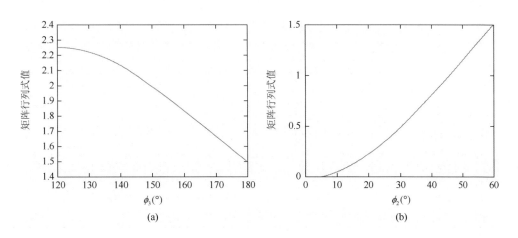

（a）　　　　　　　　　　　　　　（b）

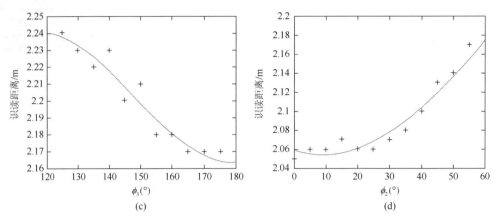

图 5.29 矩阵行列式值、识读距离与 ϕ_2、ϕ_3 关系曲线

增大，矩阵行列式值与标签识读距离都随之减小；对图 5.29（b）行列式理论值与图 5.29（d）识读距离实验值进行对比分析，可以看出，随着②号标签角度 ϕ_2 的增大，矩阵行列式值与标签识读距离都随之增大，并且变化趋势相同。实验证明，利用 Fisher 信息矩阵作行列式来判定 RFID 多标签系统识读性能是可行的。

5.7 本章小结

本章在物联网环境下基于光电传感器对 RFID 系统进行动态数据采集和评估，并对影响 RFID 识读性能的因素如金属、液体、标签运动速度等进行理论分析和半物理实验验证。针对金属、液体、标签运动速度、天线、系统识别距离以及标签几何分布对 RFID 系统识读效率、识读距离等典型动态性能的影响进行理论分析，利用 RFID 动态性能检测系统进行了动态数据采集和验证实验，对 RFID 系统影响的部分结论得到了验证：①随着速度的降低，读取次数也随之减少，但减少的趋势放缓。②金属侧放对 RSSI 的影响较小，但对读取次数有一定的影响。③随着铝板与标签之间距离的增加，读取次数也随之增多。④通过有针对性地采取有效措施减少影响，可以提高 RFID 系统的动态识读和抗干扰能力。⑤对于随着 NaCl 浓度增加，其电导率提高的电解质溶液，其附近标签天线的增益 G_r 随着电导率的提高相应降低，从而导致 RFID 系统的标签的最大识读距离减小。⑥随着标签速度增大，标签的读取次数快速衰减。⑦随着天线弯曲的增大，标签读取距离随之减小。⑧标签在相应角度上离读写器天线越远，其 RSSI 也就越小。⑨利用 Fisher 信息矩阵作行列式来判定 RFID 多标签系统识读性能是可行的。

第6章 基于 RFID 的矩阵分析方法研究

矩阵是高等代数学中的常见工具，也常见于统计分析等应用数学学科中。在物理学中，矩阵在电路学、力学、光学和量子物理中都有应用；计算机科学中，三维动画制作也要用到矩阵。矩阵的运算是数值分析领域的重要问题，将矩阵分解为简单矩阵的组合可以在理论和实际应用上简化矩阵的运算。对一些应用广泛而形式特殊的矩阵，例如稀疏矩阵和准对角矩阵，有特定的快速运算算法。

矩阵分析法主要包括矩阵图法和数据矩阵分析法。矩阵图法，是利用数学上矩阵的形式表示因素间的相互关系，从中探索问题所在并得出解决问题设想的方法。矩阵图法是从多维问题的事件中，找出成对的因素，排列成矩阵图，然后根据矩阵图来分析问题，确定关键点的方法。在复杂的质量问题中，往往存在许多成对的质量因素，将这些成对因素找出来，分别排列成行和列，其交点就是其相互关联的程度，在此基础上再找出存在的问题及问题的形态，从而找到解决问题的思路。因此，它是一种通过多因素综合思考探索问题的好方法。数据矩阵分析法是在矩阵图的基础上，把各个因素分别放在行和列，然后在行和列的交叉点中用数量来描述这些因素之间的对比，再进行数量计算，定量分析，确定哪些因素相对比较重要。数据矩阵分析法的主要方法为主成分分析法（principal component analysis），利用此法可从原始数据获得许多有益的情报。主成分分析法是一种将多个变量化为少数综合变量的多元统计方法，利用此法可从原始数据中获得许多有益的信息，但是由于这种方法需要借计算机来求解，且计算复杂因此，因此在品质管理活动中应用较少。

本章将基于 RFID 技术，利用矩阵分析的方法来分别研究工业安全区域的检测和多标签分布的优选。

6.1 基于 RFID 检测工业危险区域的矩阵分析方法研究

6.1.1 工业安全的重要性

工业安全是一个不断发展完善的领域。减少在机械行业的事故危险非常重要，特别是在涉及存在潜在危险的机械时，要尽可能保障工作人员的安全。很多不同的情形下，工作人员需要去处理某些超出控制范围的部件，或者要求在机器上精确放置零件。但由于金属制造过程中的灵活性需求，在某些场合，一些标准防护或设备（如物理障碍、光幕等）是不可行的。在这种情况下，通过保持一定安全距离来作为保护措施，操作人员不能太靠近操作点，并且任何情况下都得距离操作点一定的安全距离。"安全距离防护"遵循了工作中没有受伤的规程。然而，一般事故发生时，操作者都是在已经受到了严重伤害后才终止操作。因此，对于不断发展的工业领域，努力研发新的安全防护措施是非常必要的[138]。

机器使得工人们的产量更高，并且让他们能够制造出之前通过手工无法完成的模型材料。既然工人需要机械来帮助他们工作，那么他们就不得不处于有可能会受到伤害的工作环境中，一些严重的事故就发生在工人扮演重要角色的关键的操作领域。美国国家标准学会发表了小心使用机械的相关标准，B11 系列就是用于金属加工器械的准则，每五年会重新修改装订。这些更新的 ANSI 条例非常重要，因为它们反映了最新的安全技术。职业安全卫生组织帮助建立在关键操作中的机械安全防护，指出典型危险区域并给出在维持机械和设备正常运作时的防护措施[139, 140]。

机械防护的主要目的是保护工作区域内的操作者和其他员工。职业安全卫生条例已经总结出数条防护方法，如防护装置罩、光幕、双手操作装置等，在一些工作总结中也给出了安全防护的综述。现在也有机械操作防护方法，揭示了一些预防措施，手工给料工具和警告栅栏也提高了操作者的安全性，但依赖于操作者的行为效率。

但是，在有些情况下，这些防护措施是不可行的。例如，对于制造很多种类产品的金属制造公司，它的很多材料的制作过程需要用到薄长件压机。正常情况下，薄长件压机的操作工人一天内要面对成百上千片不同形状、材料的模型。在如此复杂的条件下，制作工程就需要很强的灵活性，有些防护措施在这种情况下就不可行了。

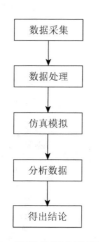

图 6.1　矩阵分析方法流程图

6.1.2　利用矩阵分析方法测试工业危险区域

本研究的流程可用图 6.1 表示：标签以一定速率沿着固定导轨靠近待监测点进行数据采集；随后阅读器将采集到的数据传输给 PC 进行统计，得出各点的均值与标准差，整合成矩阵形式；使用 MATLAB 软件进行仿真模拟，将处理后的数据输入，通过仿真分析是否可行，同时给出模拟图形。

由 RFID 读写器、标签、天线组成一个实验系统，使标签被镶嵌在可以沿着导轨移动的物体上，并使危机停止时的操作距离控制在 1mm 以内。可建立一系列点阵，然后让操作装置在这些点之间以不同的速率按环形或线性轨迹移动，生成一条路径。标签可以被镶嵌在移动距离方位内的一个明确的独特的静态位置上，在每个位置上停留一段时间，然后再移向下一个位置，也可进行动态实验。例如，在预先设定的轨迹上，含有标签的物体可以在移动范围内重复数次，并且射频信号的位置可以获取，通过比较之前设定的轨迹，利用标签的位置作为参考系统。天线可覆盖将近 2.6m 长、2.6m 宽、1.65m 高的体积。这个操纵装置还可研究其他特征，比如传送者的速度（传送者是接触标签的）、不同材料生产状态（固态或是液态）、识别系统在视野内外的表现。因此，当这些实验设计好后，可以获得很多统计数据，然后可进行离线数据处理。这些实验设计对于之前涉及的定位技术，在短距离估计方面作了一个补充。

这类标签的信号可以由读写器和天线进行信息的传递。在这项工作中，已经设定了标签去接触危险领域，将其预先设定在危险区的不同的点。当 RFID 模型在阅读区域内检测到一个危险信号时，它会激活标签传送数据，实施中断程序并将此刻镶嵌了标签的物体的位置存储在计算机里。这一动作重复数次，利用存储的数据，每个点获得多重测量结果，并且统计数据中包含了平均值、方差、标准偏差和最大值、最小值等。这个分析测试主要检测了 RFID 模型在检测传送中接近平面时的可靠性。图 6.2 展示了主要系统组成，在这个配置里，利用标签使得定义不同的危险区域成为可能。测试装置对于实验设计是相对独立的，唯一的必备条件是在特殊时间段内设置必须激活它的输出（连接到机器人控制者的数据输入）。在这个时间段内，标签和操纵它移动的装置通过预先设定的中断程序在危险区域外围自动移动，然后等待输出失效命令。因此，这个时间段必须足够长，以便贴有标签的物体停止移动。在这些情况下，可以自动检测危险区域内的不同点。控制设备安全性输出的电路系统并不复杂，只需要在控制阅读器的微型控制装置里设定延时程序。

在实验检测中，每次标签发生移动，导轨上装置的最后方位都会被读写器记录并保存。标签要经过的点都是预先设定好的，并且把它们联接在危险区域上。实验需要有一个附有 RFID 标签的装置固定在导轨上。

RFID 有一个输入与矩形天线连接，天线被装配去监视整个危险区域。输出紧急停止命令可以被设定为正常开启或是正常关闭。在工业器械中，为了安全而安装重置开关非常重要，机器由于遇到紧急情况而停止工作后，需要用这个开关再次启动。

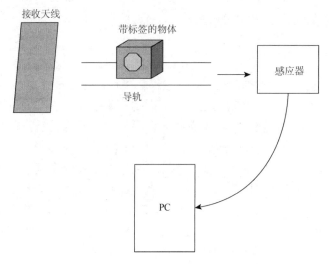

图 6.2　实验系统组成

　　此 RFID 模型支持无源标签，这类标签从天线生成的磁场消耗能量，因此生成的磁场强度决定了标签可充电的距离，这种能量接受方法即为电感耦合。磁场强度越大，可充电距离越长，也就决定了探测距离（标签能获取足够能量传输信息的距离）的长短。在电感耦合理论的基础上，入口通过 RFID 天线生成的感应磁场发出紧急停止命令。通过调谐天线至共振可获取最大读取距离。对于这个特殊的模型，需要安置很多电容器，以保证其工作在共振点附近，这样可以使系统性能最优。

　　实验中，RFID 的接收天线覆盖在一个 28cm 高、34cm 宽的区域里。改变进入的速率和 RFID 的标签数目，进行几组参数不同的实验，选取三种典型速率，分别是 250mm/s、500mm/s、1600mm/s，此外还设置了紧急停止的距离。由 EN999 条例可知，1600mm/s 的接近速度是安全的，这是从人体接近速度数据推断而得的。

　　实验中用了 24 个节点的网格，并且这些网格充分覆盖了被激活的危险区域面。网格分为 3 行，每行由 8 个节点组成。镶嵌标签的物体的端部以一条正交的线性轨迹穿过由无线信号构成的平面的入口点。这些线之间的距离为 6mm，它们覆盖了整个危险区域。通过长 32mm 的 RFID 标签被嵌在装置上，实验中选用一到两个标签。改变标签之间的方向可以找出阅读器主要的缺陷点，这种方法叫多标签探测。

　　在实验设置中，用矩阵方法来计算统计信息。这个方法可以分辨不同危险区域的入口点，以及收集每个入口点独立的统计数据。对基于 RFID 技术的接近性探测系统而言，这是一个重要的需求条件。因为根据不同的金属零件或工作环境的需求，可改变探测区域的形状或者由依据入口处位置形成的误差。

矩阵方法包含了每一个入口处之间的单一通信和矩阵的每个元素，可将矩阵法扩展到不同的关于工人安全的方案中。

矩阵 D_k 中的每一个元素代表了每次测量时的唯一位置。结合矩阵 D_k，统计的数据就可以得到，比如均值、最大值、最小值和标准偏差等。由于 $D_k(r,s)$ 每个点都通过了 50 次，可以根据这些数据求出均值。均值由公式（6.1）得出

$$mean = \left[D_{k1}(r,s) + D_{k2}(r,s) + \cdots + D_{k50}(r,s)\right]/50 \tag{6.1}$$

标准差由公式（6.2）得出

$$std = \sqrt{\left\{[D_{k1}(r,s) - \overline{x}]^2 + [D_{k2}(r,s) - \overline{x}]^2 + \cdots + [D_{k50}(r,s) - \overline{x}]^2\right\}/50} \tag{6.2}$$

这些以结构化的方法呈现的统计数据代表了有关的所有点和相关位置之间的关系。举个例子，元素（1，1）对应一个位于矩形天线左上角的入口点，元素（1，2）是在同一线上的下一个入口点，依次往下类推。图 6.3 中直观地表明了矩阵数据和入口位置的对应关系。

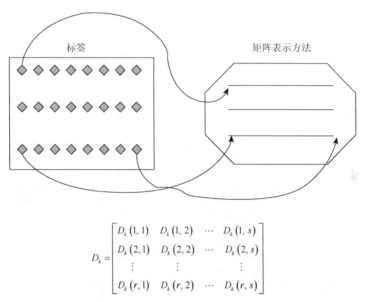

$$D_k = \begin{bmatrix} D_k(1,1) & D_k(1,2) & \cdots & D_k(1,s) \\ D_k(2,1) & D_k(2,2) & \cdots & D_k(2,s) \\ \vdots & \vdots & & \vdots \\ D_k(r,1) & D_k(r,2) & \cdots & D_k(r,s) \end{bmatrix}$$

图 6.3　操纵点分布图与矩阵形式

对于每一个入口点而言，获得的数据计算统计结果如图 6.4 所示。在每一个矩阵中，最大值用椭圆圈出，而最小值用方框圈出。

RFID 的模型是通过电感耦合来工作的。在所有的实验中，线圈在它的共振点上运作。图 6.4 中数据代表的方位是镶嵌标签物体的位置。通过测量每个入口处的探测点，组成两个面，这两个面定义了间距。通过计算，假定这些数据包含了每个入口点的正常点分布。预先设定 24 个方位，每个标签通过 50 次，所以总共

有 1200 个探测距离结果被记录。

实验1

$$means = \begin{bmatrix} 287.5 & 284.6 & 293.3 & 297.1 & 305.2 & 292.4 & 282.3 & \boxed{270.7} \\ 301.6 & 302.6 & 304.8 & 312.3 & \boxed{316.0} & 306.2 & 294.2 & 280.2 \\ 291.7 & 307.8 & 304.3 & 310.1 & 303.7 & 302.5 & 299.1 & 285.3 \end{bmatrix}$$

$$stds = \begin{bmatrix} \boxed{52.2} & \boxed{36.0} & 47.3 & 46.6 & 45.2 & 46.7 & 48.2 & 47.6 \\ 38.6 & 40.9 & 41.4 & 42.4 & 46.7 & 48.6 & 48.8 & 44.2 \\ 41.8 & 42.5 & 41.8 & 39.4 & 39.8 & 38.7 & 46.6 & 45.2 \end{bmatrix}$$

实验2

$$means = \begin{bmatrix} 205.3 & \boxed{204.8} & 215.5 & 235.5 & 231.6 & 234.1 & 216.6 & 211.2 \\ 214.5 & 219.7 & 231.0 & 238.2 & 238.1 & 235.4 & 232.4 & 213.1 \\ 211.6 & 228.2 & 236.0 & \boxed{245.1} & 236.0 & 239.3 & 228.4 & 224.3 \end{bmatrix}$$

$$stds = \begin{bmatrix} \boxed{56.7} & 54.8 & 46.2 & 43.1 & 51.1 & 51.1 & 47.4 & 51.2 \\ 43.5 & 45.5 & \boxed{42.7} & 44.1 & 48.6 & 55.7 & 55.3 & 53.7 \\ 49.7 & 52.1 & 48.1 & 42.7 & 47.6 & 51.8 & 43.2 & 56.1 \end{bmatrix}$$

实验3

$$means = \begin{bmatrix} 272.3 & 285.6 & 291.6 & 292.3 & \boxed{297.0} & 285.2 & 277.3 & 272.5 \\ \boxed{256.0} & 277.1 & 276.4 & 277.1 & 277.3 & 285.8 & 271.1 & 261.2 \\ 271.5 & 280.6 & 288.7 & 297.7 & 295.2 & 295.1 & 281.6 & 275.3 \end{bmatrix}$$

$$stds = \begin{bmatrix} 37.1 & 43.5 & 42.8 & 36.3 & 39.3 & 39.1 & 42.2 & 44.2 \\ 40.3 & 41.2 & 37.1 & 36.9 & 40.0 & 38.5 & 44.4 & \boxed{45.3} \\ \boxed{29.3} & 39.5 & 36.5 & 42.3 & 40.3 & 40.4 & 28.6 & 44.2 \end{bmatrix}$$

实验4

$$means = \begin{bmatrix} \boxed{250.1} & 271.4 & 283.9 & 280.6 & 279.2 & 281.7 & 266.9 & 263.3 \\ 288.6 & 282.3 & 299.5 & \boxed{307.7} & 295.9 & 301.3 & 276.1 & 274.0 \\ 288.4 & 283.5 & 298.5 & 301.9 & 303.0 & 293.5 & 287.4 & 272.7 \end{bmatrix}$$

$$stds = \begin{bmatrix} 43.6 & 46.3 & 35.7 & 33.5 & 45.6 & 48.5 & 41.0 & 41.3 \\ \boxed{51.4} & 46.9 & 43.6 & 40.1 & 44.3 & 43.3 & 40.2 & 45.7 \\ 46.3 & 48.2 & 45.5 & 41.1 & \boxed{30.9} & 40.5 & 33.6 & 44.0 \end{bmatrix}$$

实验5

$$means = \begin{bmatrix} 243.8 & 222.5 & 189.6 & 136.3 & \boxed{-29.3} & 200.9 & 244.2 & 258.9 \\ 251.6 & 224.1 & 166.7 & 108.2 & 78.5 & 209.2 & 250.0 & 257.4 \\ 227.9 & 217.4 & 150.2 & 28.5 & 123.2 & 214.5 & 252.5 & \boxed{260.9} \end{bmatrix}$$

$$stds = \begin{bmatrix} 37.9 & 57.7 & 54.1 & 67.2 & 117.5 & 69.5 & 36.2 & 40.1 \\ 42.7 & 46.6 & 60.4 & 68.3 & 68.3 & 61.6 & 42.2 & \boxed{34.3} \\ 46.4 & 53.2 & 62.8 & \boxed{20.2} & 62.7 & 55.8 & 40.2 & 45.5 \end{bmatrix}$$

实验6

$$means = \begin{bmatrix} 131.4 & \boxed{131.8} & 141.8 & 156.6 & 147.3 & 151.4 & 149.0 & 134.4 \\ 147.4 & 152.9 & 166.3 & 161.6 & 169.4 & 162.2 & 156.2 & 155.8 \\ 147.4 & 152.9 & 166.3 & 161.6 & \boxed{169.4} & 162.2 & 156.2 & 155.8 \end{bmatrix}$$

$$stds = \begin{bmatrix} 60.4 & 67.2 & \boxed{68.1} & 51.5 & 54.6 & 54.4 & 46.3 & 68.3 \\ 61.8 & 51.3 & 48.2 & 41.0 & 68.2 & 30.3 & 51.8 & 62.7 \\ 53.5 & 37.5 & 33.4 & 33.2 & \boxed{24.0} & 39.2 & 40.4 & 45.2 \end{bmatrix}$$

图 6.4　入口点统计数据与标准差

6.1.3　实验结果

运用 MATLAB 软件进行矩阵分析模拟。模拟 3 行，每行 8 个节点，一共 24 个节点，对应了图 6.5 中（1，1）、（1，2）等 24 个点，然后输入图 6.5 中每个实验的方法数以及标准差进行模拟，得出结论。

图 6.4 矩阵显示了每个入口点的统计数据，对应图 6.3 中的关系。图中还显示了分析设备的稳定性，对于实验 5 中未检测到标签的情况发生是很重要的，因为系统模型缺少多标签读取能力。

图 6.5 显示了对应图 6.4 数据的实验结果。在每种状况里，最左边第一幅图呈

现的是每个入口点获得数值与标准偏差加减后的平均值，根据图 6.3 中的统计数据而得。线圈构成的平面也被画出，被选作计算距离时的原点。

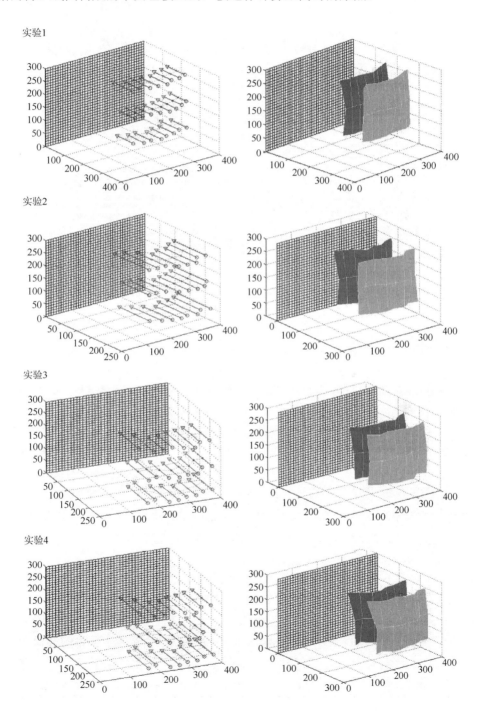

实验5

实验6

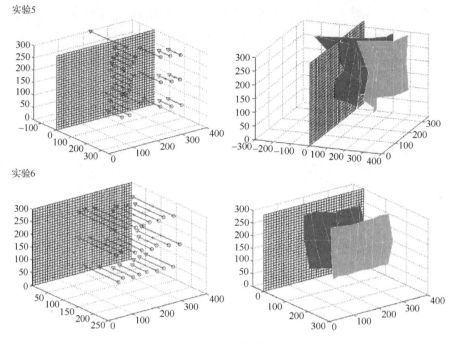

图 6.5　实验结果图

6.1.4　实验结论

从实验结果图中可以看出：实验 1 统计数据最大值为 316.0，最小值为 270.7，仪器的工作范围没有接触到危险区域；实验 2 统计数据最大值为 245.1，最小值为 204.8，仪器的工作范围没有接触到危险区域；实验 3 统计数据最大值为 297.0，最小值为 256.0，仪器的工作范围没有接触到危险区域；实验 4 统计数据最大值为 307.7，最小值为 250.1，仪器的工作范围没有接触到危险区域。实验 1、2、3、4 中，均值加减标准差之后都没有接触到危险区域平面，所以在它们接触到危险区域之前，标签就会被检测到，并且控制装置能自动停止机器。实验 5 出现了标签越过危险区域后才被检测出来的情况，在这种情况下，操作系统无法自动识别危险情况然后关闭仪器；实验 6 中的一部分数据没有被系统检测到，出现这种情况时，控制装置不会自动停止仪器。

综合所有情况分析，除了实验 5 和 6，在标签触及危险区域之前，RFID 系统会自动关闭机器。距离范围在 20～30cm 时，这一制止操作被实施。在实验 6 中，有 10 次检测到标签时，物体已在危险区域内。考虑从这个实验中获得的存储数据，当标签经过危险区域时，有 1200 个距离探测记录，RFID 模型输出 10 次，当标签部分在危险区域里面时，最小值是 68.1mm，这个值只出现了一次，特别是对应矩阵在入口处（3，7），说明标签距离探测平面 68.1mm。

实验 5 是唯一没有标签被探测到的实验。在这个情形里，1200 个探测距离数据记录有 23 个情形没有标签被检测到，另外有 23 个含有标签的物体进入天线危险区域后才被检测到的情况，导致总共有 46 个负距离被检测。此外，除了 23 个情形没有标签被检测到之外，还有 13 个发生在入口点对应矩阵（1，5）。

根据对 RFID 模型的研究，实验研究显示探测距离主要与标签的方位和速率有关。

6.2　基于矩阵分析的 RFID 标签分布优选配置方法

RFID 系统的读取率取决于 RFID 标签碰撞、读取距离等多方面因素，包括 RFID 标签位置对于读取率的影响，使 RFID 读写器的读取率不高。而 RFID 技术的主要优势在于多目标同时识别，如果由于 RFID 读写器读写效率降低，出现漏读或误读等现象，那么 RFID 识别优势将不再存在。因此，优化 RFID 标签分布位置，从而提高 RFID 标签读取率，对于 RFID 技术的发展至关重要。RFID 标签碰撞，即多个 RFID 标签对应一个 RFID 读写器时，RFID 标签同时发送数据，信号之间相互碰撞，将使 RFID 读写器无法正确获取所有 RFID 标签信息。目前，国内外有很多算法来解决 RFID 标签碰撞问题，已取得显著成效，但 RFID 标签分布位置对 RFID 系统读取率的影响还有待进一步研究。

一种基于矩阵分析的 RFID 标签分布优选配置方法，通过对 RFID 读写器得到的 RFID 标签矩阵进行行列式、元素标准差计算等矩阵分析步骤以及获得的读取率，从而对 RFID 标签位置进行优选，找到识读性能最优的标签摆放位置，进而从 RFID 标签分布优选配置角度降低实际工作环境对读取率的影响，具有重要的理论和应用价值[141]。

6.2.1　标签信号强度检测流程

搭建测试平台步骤中，测试平台结构如图 6.6 所示，由测量天线、RFID 读写器、控制计算机、电机、导轨、托盘、RFID 标签构成，托盘和测量天线分别位于导轨两端，测量天线与 RFID 读写器相连，托盘上放置贴有 RFID 标签的测试样品。

实验中，RFID 标签采用 Impinj H47 型超高频无源电子标签：适用载波频率 860～960MHz，读写距离 3～5m；读写器采用 YW602-8 读写器：内置 12dBi 天线，最大 RF 输出功率为 30dBm。绘制 RFID 标签信号强度分布图流程如图 6.7 所示。

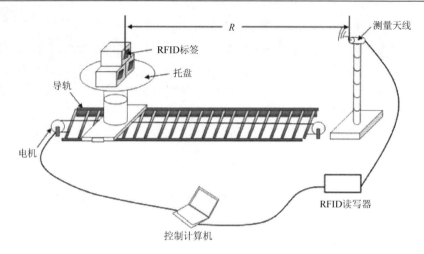

图 6.6　测试平台结构图

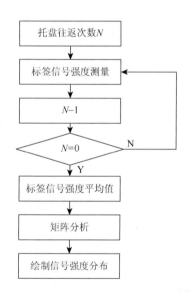

图 6.7　绘制 RFID 标签信号强度分布流程图

首先，托盘在导轨上由电机带动向测量天线运动，随着托盘靠近测量天线，当测试天线和托盘的距离为 4.5m 时，测量天线测量每个 RFID 标签的信号强度，同时测量 RFID 标签读取率，存储于控制计算机中。

其次，将测量得到的 RFID 标签信号强度作为矩阵元素组成 RFID 标签分布矩阵，计算 RFID 标签分布矩阵标准差和 RFID 标签分布矩阵的行列式。

再次，由 RFID 标签位置作为横坐标，RFID 标签信号强度作为纵坐标，绘制出 RFID 标签信号强度分布图。

最后，RFID 标签分布优选配置确定步骤，将贴有 RFID 标签的测试样品按照不同分布重新摆放，重复以上步骤，在多次测量和计算后，根据以上获得的 RFID 标签读取率和 RFID 标签分布矩阵的行列式以及 RFID 标签分布矩阵标准差，通过比较，获得最小 RFID 标签分布矩阵标准差、最小 RFID 标签分布矩阵行列式绝对值以及最大 RFID 标签读取率的 RFID 标签分布，将此作为最优 RFID 标签分布配置方案。

6.2.2　实验结果分析

实验采用 16 个 RFID 标签，即 $N=16$，RFID 读写器 3 次读取到的 RFID 标签数分别为 $n_1=16$，$n_2=14$，$n_3=14$，则得到 RFID 标签读取率分别为 $\gamma_1=\dfrac{n_1}{N}=\dfrac{16}{16}=1$，$\gamma_2=\dfrac{n_2}{N}=\dfrac{14}{16}=0.875$，$\gamma_3=\dfrac{n_3}{N}=\dfrac{14}{16}=0.875$。

根据测量天线获得的各 RFID 标签信号强度得到的 RFID 标签分布矩阵为

$$D=\begin{bmatrix} 297.3 & 304.8 & 293.4 & 282.4 \\ 312.5 & 316.2 & 306.3 & 294 \\ 310.3 & 304.1 & 303.5 & 299.6 \\ 293.4 & 304.6 & 303.6 & 285.6 \end{bmatrix}$$

D 是 4×4 矩阵。

D_k 的均值为

$$\overline{D}=\frac{\sum\limits_{i=1,j=1}^{i=r,j=s}D(i,j)}{r\times s}=300.73$$

RFID 标签分布矩阵标准差

$$S_D=\sqrt{\frac{\sum\limits_{i=1,j=1}^{i=r,j=s}[D(i,j)-\overline{D}]^2}{M-1}}=86.0$$

RFID 标签分布矩阵行列式为

$$|D|=\sum\limits_{i=1,j=1}^{i=r,j=s}D(i,j)A(i,j)=1.94\times10^5$$

若测量 RFID 标签信号强度的次数 $H=3$，分别得到矩阵

$$D_1=\begin{bmatrix} 297.3 & 304.8 & 293.4 & 282.4 \\ 312.5 & 316.2 & 306.3 & 294 \\ 310.3 & 304.1 & 303.5 & 299.6 \\ 293.4 & 304.6 & 303.6 & 285.6 \end{bmatrix} \quad D_2=\begin{bmatrix} 0 & 304.8 & 293 & 0 \\ 312.5 & 316.2 & 306.3 & 294 \\ 310.3 & 304.1 & 303.5 & 299.6 \\ 293.4 & 304.6 & 303.6 & 285.6 \end{bmatrix}$$

$$D_3 = \begin{bmatrix} 297.3 & 304.8 & 293.4 & 282.4 \\ 312.5 & 0 & 306.3 & 294 \\ 310.3 & 304.1 & 0 & 299.6 \\ 293.4 & 304.6 & 303.6 & 285.6 \end{bmatrix}$$

依次计算出标准差 $S_{D_1} = 86.0$, $S_{D_2} = 1.07 \times 10^4$, $S_{D_3} = 1.05 \times 10^4$, 其行列式 $|D_1| = 1.94 \times 10^5$, $|D_2| = -1.78 \times 10^6$, $|D_3| = 2.07 \times 10^8$ 。

根据 $P_{back} = \dfrac{P_{reader} G_{reader}}{4\pi R^2} \sigma$ 计算绘制其分布图，其中，P_{back} 为 RFID 标签信号强度，σ 为测量天线的雷达散射面面积，P_{reader} 为 RFID 读写器发射功率，G_{reader} 为 RFID 标签的天线增益，R 为 RFID 标签到测量天线的距离。将 RFID 标签位置作为横坐标，将 RFID 标签信号强度作为纵坐标，即可绘制 RFID 标签信号强度分布图，如图 6.8 所示。

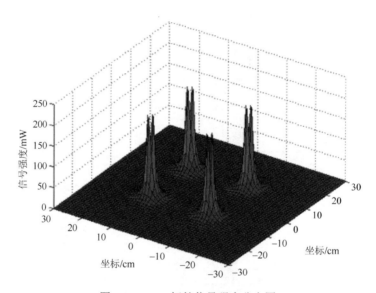

图 6.8　RFID 标签信号强度分布图

通过比较，获得最小 RFID 标签分布矩阵标准差 $S_D = 80.6$，最小 RFID 标签分布矩阵行列式绝对值 $|D_1| = 1.94 \times 10^5$，以及最大 RFID 标签读取率 $\gamma = 1$ 的 RFID 标签分布，将此作为最优 RFID 标签分布配置方案。

6.3　本　章　小　结

本章首先开展了基于 RFID 检测工业危险区域的矩阵分析方法研究，充分利用了 RFID 系统的组成部分——标签、阅读器、天线构建实验系统，由计算机记录结果并计算出均值与标准差，随后进行仿真实验，并画出实验结果的图像以便观察分析。由实验可以得出，当标签的方位或者速率变化时，可以探测的距离也会发生变化，在某些情况下，会出现无法探测到标签的情况。此方法在大部分情况下能够及时发现危险情况的发生并且自动关闭仪器，防止操作人员受到伤害。然后利用矩阵分析研究了 RFID 标签分布优选配置，通过对 RFID 读写器得到的 RFID 标签矩阵进行行列式、元素标准差计算等矩阵分析步骤以及获得的读取率，从而对 RFID 标签位置进行优选，找到识读性能最优的标签摆放位置，进而从 RFID 标签分布优选配置角度减少实际工作环境对读取率的影响。本章研究对 RFID 技术的推广应用具有重要的理论和应用价值。

参 考 文 献

[1] Want R. An introduction to RFID technology. Pervasive Computing，2006，5（1）：25-33.

[2] Sarac A，Absi N，Dauzère-Pérès S. A literature review on the impact of RFID technologies on supply chain management. International Journal of Production Economics，2010，128（1）：77-95.

[3] Zhu X，Mukhopadhyay S K，Kurata H. A review of RFID technology and its managerial applications in different industries. Journal of Engineering and Technology Management，2012，29（1）：152-167.

[4] Landt J. The history of RFID. Potentials IEEE，2005，24（4）：8-11.

[5] Gubbi J，Buyya R，Marusic S，et al. Internet of things（IOT）：a vision，architectural elements，and future directions. Future Generation Computer Systems，2013，29（7）：1645-1660.

[6] Deering S，Hinden R. Internet protocol，version 6（IPv6）specification. IETF RFC，1998，17（6）：1860-1864.

[7] Greengard S. The Internet of Things. Cambridge，MA：MIT Press，2015.

[8] Shalk G H，Bienert R. RFID：MIFARE and Contactless Cards in Application. London：Elektor Publishing，2013.

[9] Yaghjian A D. An overview of near-field antenna measurements. IEEE Transactions on Antennas and Propagation，1986，34（1）：30-45.

[10] Nikitin P V，Rao K V S，Lazar S. An overview of near field UHF RFID//IEEE International Conference on RFID，Grapevine，TX，March 2007：167-174.

[11] Chawla V，Ha D S. An overview of passive RFID. IEEE Communications Magazine，2007，45（9）：11-17.

[12] Zhu X，Mukhopadhyay S K，Kurata H. A review of RFID technology and its managerial applications in different industries. Journal of Engineering and Technology Management，2012，29（1）：152-167.

[13] 段明. 乌鲁木齐市智能交通系统的研究和应用. 西安：长安大学，2012.

[14] Keshtgari M，Deljoo A. A wireless sensor network solution for precision agriculture based on zigbee technology. Wireless Sensor Network，2012，4（1）：25-30.

[15] Xiao Z，Guan Z，Zheng Z. The research and development of the highway's electronic toll collection system//IEEE First International Workshop on Knowledge Discovery and Data Mining，Adelaide，SA，Jan. 2008：359-362.

[16] Shapiro J M. Smart cities: quality of life，productivity，and the growth effects of human capital. The Review of Economics and Statistics，2006，88（2）：324-335.

[17] Caragliu A，Del Bo C，Nijkamp P. Smart cities in Europe. Journal of Urban Technology，2011，18（2）：65-82.

[18] Brettel M，Friederichsen N，Keller M，et al. How virtualization，decentralization and network

building change the manufacturing landscape: an industry 4.0 perspective. International Journal of Science, Engineering and Technology, 2014, 8 (1): 37-44.

[19] Zhou T, Tao C, Liu L, et al. High-speed railway channel measurements and characterizations: a review. Journal of Modern Transportation, 2012, 20 (4): 199-205.

[20] Alotaiby T, El-Samie F E A, Alshebeili S A, et al. A review of channel selection algorithms for EEG signal processing. EURASIP Journal on Advances in Signal Processing, 2015 (1): 66-69.

[21] Haykin S S, Moher M, Koilpillai D. Modern Wireless Communications. Chennai: Pearson Education India, 2011.

[22] Klair D K, Chin K W, Raad R. A survey and tutorial of RFID anti-collision protocols. IEEE Communications Surveys & Tutorials, 2010, 12 (3): 400-421.

[23] Kim D, Ingram M A, Smith Jr W W. Measurements of small-scale fading and path loss for long range RFtags. IEEE transactions on Antennas and Propagation, 2003, 51 (8): 1740-1749.

[24] Dobkin D M, Weigand S M. Environmental effects on RFID tag antennas//2005 IEEE MTT-S International Microwave Symposium Digest, Long Beach, June 2005: 135-138.

[25] Aroor S R, Deavours D D. Evaluation of the state of passive UHF RFID: an experimental approach. IEEE Systems Journal, 2007, 1 (2): 168-176.

[26] Nikitin P V, Rao K V S. Performance limitations of passive UHF RFID systems. IEEE Antennas and Propagation Society International Symposium, New Mexico, July 2006: 1011-1014.

[27] Fritz G, Beroulle V, Nguyen M D, et al. RFID system on-line testing based on the evaluation of the tags read-error-rate. Journal of Electronic Testing, 2011, 27 (3): 267-276.

[28] 沈剑. RFID 测试中的计算机仿真研究. 上海: 上海交通大学, 2007.

[29] 江建军, 杨彪. 近高频射频识别阅读器虚拟仪器系统设计与实现. 仪器仪表学报, 2007, 28 (6): 1024-1028.

[30] 吴欢欢, 周建平, 许燕, 等. RFID 发展及其应用综述. 计算机应用与软件, 2009, 30 (12): 203-206.

[31] Nikitin P V, Rao K V S. LabVIEW—based UHF RFID tags test and measurement system. IEEE Transitions on Industrial Electronics, 2009, 56 (7): 2374-2381.

[32] 田利梅, 谭杰, 关强, 等. RFID 测试标准和测试技术研究. 信息技术与标准化, 2009, 5: 45-47.

[33] Cao X H, Xiao H B. Propagation prediction model and performance analysis of RFID system under metallic container production circumstance. Microelectronics Journal, 2011, 42 (2): 247-252.

[34] 信部无〔2007〕205 号文件. 《关于发布 800/900MHz 比频段射频识别（RFID）技术应用试行规定的通知》, 2007.

[35] 邵士媛, 左长进. 列车车号自动识别系统 ATIS 应用与实践. 计算机工程与设计, 2006, 27 (11): 2108-2110.

[36] 郭洪洋, 张玺, 刘澜, 等. ATIS 环境下随机动态路网行程时间可靠性. 交通运输系统工程

与信息，2014，14（4）：73-78.

[37] 许校境，郑召文. 基于 RFID 的快递系统的研究与应用. 无线通信技术，2013，22（4）：57-60.

[38] Heftman G. RFID technology puts zip in the mail. Microwaves & RF，1998，7（37）：41.

[39] 林君勉. RFID 系统与无线通信系统的电磁兼容性研究. 北京：北京邮电大学，2009.

[40] 周陈锋. 基于 Simulink 的 UHF RFID 系统的数据传输分析与仿真. 长沙：湖南大学，2009.

[41] 梁栋，林家儒. AWGN 信道仿真数据量研究. 北京邮电大学学报，2006（2）：110-113.

[42] Islam M，Samad S A，Hannan M A，et al. Software defined radio for RFID signal in Rayleigh fading channel//Tencon-IEEE Region Conference，Fukuoka，Nov. 2010：1368-1372.

[43] Morelos-Zaragoza R. On error performance improvements of passive UHF RFID systems via syndrome decoding//International Conference on and 4th International Conference on Cyber，Physical and Social Computing. Dalian，Oct. 2011：127-130.

[44] 周晓光，王晓华. 射频识别（RFID）系统设计、仿真与应用. 北京：人民邮电出版社，2008.

[45] Novotny D R，Guerrieri J R，Ibrahim A，et al. Simple test and modeling of RFID tag backscatter. IEEE Transactions on Microwave Theory and Techniques，2012，60（7）：2248-2258.

[46] Kerns D，Beatty R. Basic Theory of Waveguide Junctions and Introductory Microwave Network Analysis. Oxford：Pergamon Press，1967.

[47] Kuester D G，Novotny D R，Guerrieri J R，et al. Reference modulation for calibrated measurements of tag backscatter. 2011 IEEE International Conference on RFID（IEEE RFID 2011），Orlando，FL，April 2011：154-161.

[48] Pouzin A，Vuong T P，Tedjini S，et al. Bench test for measurement of differential RCS of UHF RFID tags. Electronics Letters，2010，46（8）：570-590.

[49] Xiong T，Tan X，Xi J，et al. High TX-to-RX isolation in UHF RFID using narrowband leaking carrier canceller. IEEE Microwave and Wireless Components Letters，2010，20（2）：124-126.

[50] ISO/IEC. Radio-frequency identification for item management-part 6C：parameters for air interface communications at 860 MHz to 960 MHz. Jan. 2005

[51] 谭磊. 宽带 OFDM 传输系统研究、仿真与部分模块实现. 杭州：浙江大学，2005.

[52] 于银山，俞晓磊，汪东华，等. 多径衰落信道下射频识别系统抗干扰技术. 太赫兹科学与电子信息学报，2013，11（3）：363-367.

[53] 赵昆，蒋智宁. 不理想的信道互易性对波束成形技术的影响. 电讯技术，2013，01：60-62.

[54] Terasaki K，Honma N. Experimental evaluation of passive MIMO transmission with load modulation for RFID application. IEICE Transactions on Communications，2014，97（7）：1467-1473.

[55] He C，Chen X，Wang Z J，et al. On the performance of MIMO RFID backscattering channels. EURASIP Journal on Wireless Communications and Networking，2012（1）：1-15.

[56] 徐尧，蒋攀攀，王大鸣. 基于特征值分布的自适应 MIMO 接收方法. 计算机工程，2014，03：108-112.

[57] 李峻松，周杰，菊池久和. 小角度扩展相关性近似算法分析. 通信技术，2015，01：8-13.

[58] 朱建新，高蕾娜，张新访. RSS 测距定位模型的 Cramer-Rao 界分析. 计算机工程与应用，2008，44（35）：100-102.

[59] 江胜利，刘中，邓海. 基于 MIMO 雷达的相干分布式目标参数估计 Cramer-Rao 下界. 电子学报，2009，37（1）：101-107.

[60] Jagannatham A K，Rao B D. Cramer-Rao bound based mean-squared error and throughput analysis of superimposed pilots for semi-blind multiple-input multiple-output wireless channel estimation. International Journal of Communication Systems，2014，27（10）：1393-1415.

[61] Kalkan Y. Cramer-Rao bounds for target position and velocity estimations for widely separated MIMO radar. Radio Engineering，2013，22（4）：1156-1161.

[62] Bekkerman I，Tabrikian J. Target detection and localization using MIMO radars and sonars. IEEE Transactions on Signal Processing，2006，54（10）：3873-3883.

[63] 杨巍，刘峥. MIMO 雷达波达方向估计的性能分析. 西安电子科技大学学报，2009，36（5）：819-824.

[64] Vu M，Paulraj A. MIMO Wireless Linear Precoding. IEEE Signal Processing Magazine，2007，24（9）：86-105.

[65] 彭扬，蒋长兵. 物联网技术与应用基础. 北京：中国物资出版社，2011.

[66] Raza N，Bradshaw V，Hague M. Application of RFID technology. IEE Colloquium on RFID Technology，1999，10（1）：1-5.

[67] 季玉玉，俞晓磊，赵志敏，等. 射频识别系统碰撞过程的概率建模及防碰撞检测. 理化检验：物理分册，2013（1）：6-10.

[68] 沈宇超，沈树群. 一种用于多目标实时识别的防碰撞算法. 北京邮电大学学报，1999，22（1）：10-14.

[69] 王建伟，王东. 一种新的 RFID 传感网络中多阅读器防碰撞协议. 传感技术学报，2008，21（8）：1411-1416.

[70] 贺洪江，丁晓叶. 一种基于碰撞因子的 RFID 标签估算方法. 计算机应用研究，2011，28（11）：4131-4133.

[71] 李彬彬，冯新喜，王朝英，等. 基于信息增量的多被动传感器资源分配算法. 系统工程与电子技术，2012，34（3）：502-507.

[72] Bueno-Delgado M V，Ferrero R，Gandino F，et al. A geometric distribution reader anti-collision protocol for RFID dense reader environments. IEEE Transactions on Automation Science and Engineering，2013，10（2）：296-306.

[73] Burdakis S，Deligiannakis A. Detecting outliers in sensor networks using the geometric approach// 2012 IEEE 28th International Conference on Data Engineering，Washington，DC，USA，2012：1108-1119.

[74] Zhu M，Martínez S. Distributed coverage games for energy-aware mobile sensor networks. SIAM Journal on Control and Optimization，2013，51（1）：1-27.

[75] Seshadreesan K P, Kim S, Dowling J P, et al. Phase estimation at the quantum Cramer- Rao bound via parity detection. Physical Review A, 2013, 87 (4): 043833.1-043833.6.

[76] Abramo L R. The full Fisher matrix for galaxy surveys. Monthly Notices of the Royal Astronomical Society, 2012, 9 (9): 1-18.

[77] Wolz L, Kilbinger M, Weller J, et al. On the validity of cosmological Fisher matrix forecasts. Journal of Cosmology and Astroparticle Physics, 2012, 749 (1): 1-14.

[78] Acquaviva V, Gawiser E, Bickerton S J, et al. Survey design for spectral energy distribution fitting: a fisher matrix approach. The Astrophysical Journal, 2012, 749 (1): 72.

[79] Leitinger E, Meissner P, Fröhle M, et al. Performance bounds for multipath-assisted indoor localization on backscatter channels//IEEE Radar Conference, Ohio, Cincinnati, USA, 2014: 1-7.

[80] Yang P, Wu W, Moniri M, et al. Efficient object localization using sparsely distributed passive RFID tags. IEEE Transactions on Industrial Electronics, 2013, 60 (12): 5914-5924.

[81] Shakiba M, Singh M J, Sundararajan E, et al. Extending birthday paradox theory to estimate the number of tags in RFID systems. Plos One, 2014, 9 (4): 1-11.

[82] 于银山, 俞晓磊, 刘佳玲, 等. 利用 Fisher 矩阵的 RFID 多标签最优分布检测方法. 西安电子科技大学学报, 2016, 43 (2): 116-121.

[83] Bishop A N. On the geometry of localization, tracking and navigation. Melbourne: Deakin University, 2008.

[84] Scharf L L, Mcwhorter L T. Geometry of the Cramer-Rao bound//IEEE Sixth SP Workshop on Statistical Signal and Array, Victoria, Canada, 1992.

[85] Scharf L L, Mcwhorter L T. Geometry of the Cramer-Rao bound. Signal Processing, 1993, 31 (3): 301-311.

[86] Trees H L V. Optimum array processing part IV of detection, estimation and modulation theory. New Jersey: John Wiley & Sons Inc., 2005.

[87] Bishop A N, Fidan B. Optimality analysis of sensor-target localization geometries. Automatica, 2010 (46): 479-492.

[88] Yu X L, Yu Y S, Zhao Z M, et al. Geometric pattern of RFID multi-tag distribution in dynamic IOT environment[C]//IEEE International Conference on Information Science and Technology, Shenzhen, April 2014.

[89] Pakrooh P, Scharf L L, Pezeshki A, et al. Analysis of Fisher information and the Cramer-Rao bound for nonlinear parameter estimation after compressed sensing//2013 IEEE International Conference on Acoustics, Speech and Signal Processing (ICASSP), Vancouver, BC, May 2013: 6630-6634.

[90] D'Amico A A, Mengali U, Taponecco L. Cramer-Rao bound for clock drift in UWB ranging systems. IEEE Wireless Communications Letters, 2013, 2 (6): 591-594.

[91] He Q, Blum R S. Cramer-Rao bound for MIMO radar target localization with phase errors.

IEEE Signal Processing Letters，2010，17（1）：83-86.

[92] Tang X，Tang J，He Q，et al. Cramer-Rao bounds and coherence performance analysis for next generation radar with pulse trains. Sensors，2013，13（4）：5347-5367.

[93] Seshadreesan K P，Kim S，Dowling J P，et al. Phase estimation at the quantum Cramer-Rao bound via parity detection. Physical Review A，2013，87（0438334）.

[94] Casella G，Berger R L. Statistical Inference. Pacific Grove，CA：Duxbury Press，2002.

[95] Schervish M J. Theory of Statistics. New York：Springer，1995.

[96] Fischer A，Czarske J. Measurement uncertainty limit analysis with the Cramer-Rao bound in case of biased estimators. Measurement，2014，54：77-82.

[97] 李兵. 超高频射频识别系统测试关键问题的分析与研究. 长沙：湖南大学，2011.

[98] 王俊峰. 800/900MHz 频段射频识别（RFID）设备要求及检测方法. 中国自动识别技术，2007，04：83-85.

[99] EPCglobal. Tag Performance Parameters and Test Methods. 2008.

[100] 俞晓磊，汪东华，于银山，等. 一种用于物流输送线的 RFID 识读范围自动测量方法：中国：ZL 201210312559.9. 2015-3-25.

[101] 俞晓磊，汪东华，于银山，等. 一种用于物流输送线的 RFID 识读范围自动测量系统：中国：ZL 201220434345.4. 2013-3-27.

[102] Cvitanović P. Invariant measurement of strange sets in terms of cycles. Physical Review Letters，1988，61（24）：2729.

[103] Delsante A E. A comparison between measured and calculated heat losses through a slab-on-ground floor. Building and Environment，1990，25（1）：25-31.

[104] 俞晓磊，于银山，汪东华. 物联网环境下 RFID 防碰撞及动态测试关键技术研究. 物联网技术，2012，2（7）：25-29.

[105] Bagdasaryan A S，Nikolaeva S O，Repnikov V D. Energy potential optimisation in radio channel of RFID systems based on surface acoustic wave（SAW）. Radio Engineering，2014，3：11-13.

[106] Gallagher M W，Malocha D C. Mixed orthogonal frequency coded SAW RFID tags. IEEE Transactions on Ultrasonics，Ferroelectrics，and Frequency Control，2013，60（3）：596-602.

[107] Yu X L，Yu Y S，Wang D H，et al. A novel detection method for the identification range of special SAW RFID tags//12th International Conference on Electronic Measurement & Instruments. Qingdao，July 2015.

[108] Plessky V P，Reindl L M. Review on SAW RFID tags. IEEE Transactions on Ultrasonics，Ferroelectrics，and Frequency Control，2010，57（3）：654-668.

[109] 俞晓磊，汪东华，于银山，等. 一种闸门入口环境下 RFID 多标签防碰撞识读距离测试系统：中国：ZL 201320196269.2. 2013-10-30.

[110] 俞晓磊，于银山，刘佳玲，等. 一种用于 RFID 标签动态性能测试的温度控制系统：中国：ZL 201520410696.5. 2015-9-17.

[111] Lin K H，Chen S L，Mittra R. A Looped-bowtie RFID tag antenna design for metallic objects. IEEE Transactions on Antennas and Propagation，2013，61（2）：499-505.

[112] Lin D B，Wang C C，Chou J H，et al. Novel UHF RFID loop antenna with interdigital coupled section on metallic objects. Journal of Electromagnetic Waves and Applications，2012，26（2-3）：366-378.

[113] 侯周国，何怡刚，李兵，等. 基于软件无线电的无源超高频 RFID 标签性能测试. 物理学报，2010，59（08）：5606-5612.

[114] 赵犁，郜笙，虞俊俊. 金属介质对超高频 RFID 被动标签读取效能的影响及可用于金属表面标签的设计. 工程设计学报，2006，13（6）：416-420.

[115] Reiss H R. Effect of an intense electromagnetic field on a weakly bound system. Physical Review A，1980，22（5）：1786.

[116] 侯周国. 超高频射频识别系统测试关键问题的分析与研究. 长沙：湖南大学，2012.

[117] Ukkonen L，Schaffrath M，Engels D W，et al. Operability of folded microstrip patch-typetag antenna in the UHF RFID bands within 865-928 MHz. IEEE Antennas and Wireless Propagation Letters，2006，5（1）：414-417.

[118] Rao K V S，Nikitin P V. Theory and measurement of backscattering from RFID tags. IEEE Antennas and Propagation Magazine，2006，48（6）：212-220.

[119] Koski E，Bjorninen T，et al. Radiation efficiency measurement method for passive UHF RFID dipole tag antennas. IEEE Transactions on Antennas and Propagation，2013，61（8）：4026-4035.

[120] Dobkin D M. The RF in RFID-Passive UHF RFID in Practice. Burlington，MA：Elsevier，2008.

[121] Mo L F，Zhang H J，Zhou H L. Analysis of dipole-like ultra high frequency RFID tags close to metallic surfaces. Journal of Zhejiang University Science A，2009，10（8）：1217-1222.

[122] Huang Y，Yu X L，Wang D H，et al. A novel testing system for RFID tags in proximity to electrolyte solution//2015 International Conference on Information and Communication Technologies，Xi'an，April 2015.

[123] Dean J A. Lang's Handbook of Chemistry. 2nd Ed. Beijing：Science Press，2003：156-168.

[124] Griffin J D，Durgin G D，et al. RF tag antenna performance on various materials using radio link budgets. IEEE Antennas and Wireless Propagation Letters，2006，5（1）：247-250.

[125] 莫凌飞. 超高频射频识别抗金属标签研究. 杭州：浙江大学，2009.

[126] Clarke D E. Microwave processing of materials. Annual Reviews，1996（26）：299-311.

[127] Dobkin D M. The RF in RFID：UHF RFID in Practice. Burlington：Newnes，2012.

[128] 薛军兴，陈长安，陈晶. RFID 系统动态仿真测试技术的研究. 电子测量技术，2007（02）：176-178.

[129] Griffin J D，Durgin G D，Haldi A，et al. RF tag antenna performance on various materials using radio link budgets. Antennas and Wireless Propagation Letters，IEEE，2006，5（1）：247-250.

[130] 史玉良，李书芳，洪卫军. 高速环境下 UHF RFID 标签读取率测试研究. 电子测量技术，2011（09）：14-17.

[131] Clarke R H，Twede D，Tazelaar J R，et al. Radio frequency identification（RFID）performance：
the effect of tag orientation and package contents. Packaging Technology and Science，2006，
19（1）：45-54.

[132] 王雪松，李永祯，徐振海，等. 天线极化误差对天线接收功率影响的统计建模与分析. 自
然科学进展. 2001，11（11）：1210-1215.

[133] Karthaus U，Fischer M. Fully integrated passive UHF RFID transponder IC with 16.7-μW
minimum RF input power. IEEE Journal of Solid-State Circuits，2003，38（10）：1602-1608.

[134] 周祥，宋雪桦. 标签天线弯曲对射频识别系统性能影响的研究. 微波学报，2005（S1）：
96-100.

[135] Ukkonen L，Sydänheimo L，Kivikoski M. Effects of metallic plate size on the performance of
microstrip patch-type tag antennas for passive RFID. IEEE Antennas and Wireless Propagation
Letters，2005，4：410-413.

[136] 唐志军，席在芳，詹杰. 无源反向散射 RFID 系统识别距离的影响因素分析. 计算机工程
与应用，2012（23）：85-89.

[137] DiGiampaolo E，Martinelli F. Mobile robot localization using the phase of passive UHF RFID
signals. IEEE Transactions on Industrial Electronics，2014，61（1）：365-376.

[138] Ruz M L，Vázquez F，Salas-Morera L，et al. Robotic testing of radio frequency devices designed
for industrial safety. Safety Science，2012（50）：1606-1617.

[139] 张帆，孙璇，马建峰，等. 供应链环境下通用可组合安全的 RFID 通信协议. 计算机学报.
2008，31（10）：1754-1767.

[140] Ruz M L，Vázquez F. An RFID prototype providing industrial security features in the manufact-
uring environment. International Journal of Internet Protocol Technology，2009，4（4）：240-246.

[141] 于银山，俞晓磊，赵志敏，等. 一种基于矩阵分析的 RFID 标签分布优选配置方法：中国：
ZL 201310175258.0. 2015-7-31.